国际文学大奖得主

经典文库

THE STORY OF THE PACIFIC

发现太平洋

（美）房龙／著　尹丹　张建萍／编译

金盾出版社
JIN DUN CHU BAN SHE

内容提要

《发现太平洋》讲述了人类探索与发现太平洋的过程。太平洋是世界上最大的海洋，覆盖着地球约46%的水面以及约32%的总面积。那里不仅有浩淼湛蓝的海水、壮丽奇绝的风景、无坚不摧的风暴，更有无数的宝藏和无穷的谜团，吸引着一代又一代探险家去探寻、去发现、去揭开。房龙以简洁轻松的笔调、丰厚的人文知识底蕴，以全新的视角再现了人类探索和发现太平洋的历程，将数百年来航海家的丰功伟绩娓娓道来，让我们穿越时空去经历那一段历史，体验探索的艰辛，分享发现秘密的乐趣，欣赏绮丽的异国情调。

图书在版编目（CIP）数据

发现太平洋／（美）房龙（Van Loon,H.W）著；尹丹，张建萍编译.—北京：金盾出版社，2014.2（2023.12重印）

ISBN 978-7-5082-8953-3

Ⅰ.①发… Ⅱ.①房…②尹…③张 Ⅲ.①太平洋—探险—史料 Ⅳ.① N818.1

中国版本图书馆 CIP 数据核字（2013）第 261228 号

金盾出版社出版、总发行

北京太平路 5 号（地铁万寿路站往南）

邮政编码：100036 电话：68214039 83219215

传真：68276683 网址：www.jdcbs.cn

封面印刷：三河市玉星印刷装订厂

正文印刷：永清县晔盛亚胶印有限公司

装订：永清县晔盛亚胶印有限公司

各地新华书店经销

开本：787×1092 1/16 印张：13 字数：208 千字

2014 年 2 月第 1 版 2023 年 12 月第 3 次印刷

印数：1~8 000 册 定价：25.80 元

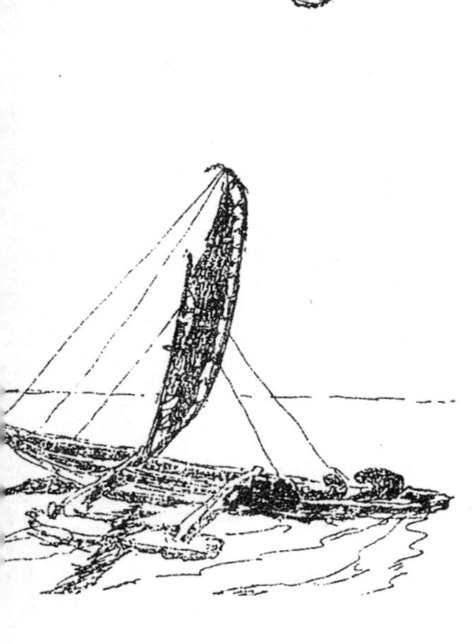

第一章

巴拿马运河

人生中的许多不同寻常的经历往往并不是想象中的惊心动魄，波澜壮阔，事实上却是非常简单而又平淡的。

我在幼年的时候，就听到过一些巴拿马运河的情况。在 19 世纪 50 年代初期，我的一个舅公迁居巴西。在那里，经历了黄热病的肆虐和大革命的骚扰之后，他不但毫发无损地幸存了下来，而且还积攒了一大笔财产。

他们全家在我六七岁那年回到了荷兰。我那几个奇怪的黑发黑眼睛的表妹很快就在这个荷兰的小镇上引起了阵阵骚动，成为小镇居民驻足观看的对象。但没过多长时间，她们就因为忍受不了这种“特殊的待遇”而躲到了巴黎和里维埃拉。在那里，她们生活得非常愉快。因为她们有着非常丰富的拉丁品位，当地的环境也比荷兰小镇更适合自己。在小镇上，那些表兄弟们斯巴达式的简朴生活和喜欢炫耀富有和魅力的漂亮女孩的性格格格不入。

我能推测出来，众姐妹寄居法国的那段时间并不是事事都顺水顺风，必定会有一些不愉快的小插曲。事实上，她们曾经受到过一次莫大的侮辱，这种侮辱成为每个人心中挥之不去的乌云。

几个姐妹都有一头乌黑亮丽的结成长辫能够垂到脚底的长发，她们也一向以此为傲。但是，在一个阳光明媚的早晨，她们坐上了去往枫丹白露[1]的公交车。车内人头攒动，十分拥挤。众姐妹被乘客们推推搡搡。等走下车的时候，她们发现辫子竟然不翼而飞！大白天遇鬼了，真晦气！

在19世纪80年代末期，女孩子的头发被偷是一件非常正常的事。因为当时的女性之中比较流行戴假发髻，而那些被偷来的头发则成为制作这项工艺的主要材料来源之一。由于假发髻经常要戴在一种由加工布料制作而成的小帽的帽檐下，因此，这种原本50多年无人问津的小帽也就变成了抢手货。做这种发髻需要大量的假发，但假发的存量远远不能满足生产需求，因此，一种以偷盗长发为生的职业就应运而生了。偷辫子的人不仅出没在巴黎街头，还会经常现身于其他各大城市。因此，那些留着长辫子的巴西人就在劫难逃，成为可怜的牺牲品。她们精心护理了20多年的长发，被那些锋利而又罪恶的剪刀“咔嚓”一声给毁掉了。

不知道是什么原因，那件事竟然在我的心里留下了非常深的印象。也就是从那一刻起，我才知道这个世界上存在着一个名叫法兰西的民族。几乎是在同一时间里，我亲眼见到了埃菲尔铁塔。这个建筑看起来像是墨水瓶，又像手表饰物，还像镇纸，埃菲尔铁塔加深了我对法兰西这个国家的认识。最后，我那些慷慨的表叔表婶们送给我的几套印第安民族服装，则来自于法罗·比尔举办的“国际大博览会”。这些东西，让我成为狂热的亲法兰西少年。

可惜，当时我只有7岁，要想证明我非常喜欢法国文明这种情感的方式只有一种，就是要专心致志地去学习典雅高贵的法国语言。我被“你有”、“我有”这些艰难地发音给折磨得头疼欲裂。和我的母语荷兰语相比较而言，法语要复杂得多，常常让人觉得不知所云。大家都知道，在16世纪宗教改革时期出版的《大教义问答录》就是用法语写成的。

不久之后，我就能够轻松自如地运用这种苦涩的语言了。书店里每一个星期都要给家里送上一个文件夹，我能够不费吹灰之力就从中找到巴黎的《画报》，

①枫丹白露：位于巴黎东南60公里，是法国中北部的重要旅游城市。

还可以把那些极具魅力、让人着迷的图片之下的介绍文字给翻译出来。从这些书画之中，我了解到很多费迪南德·雷塞布先生的事迹。他在成功开凿了苏伊士运河之后，准备再接再厉，在巴拿马地区开凿一条新的运河。只可惜，他的计划还没有付诸行动就夭折了——法国政府把他投进了神秘的监狱。

我们明白，儿时的记忆就像花园中的杂草那样顽固而又有耐性。你可以铲掉、烧毁、毒死那些杂草，但却不能使之彻底消失。过不了几天，你就会看到，它们又在原地出现了，就像什么事情都没有发生过一样。因此，50 多年过去了，我的脑海中依然有着巴拿马的景象，那里有着高耸入云的山峦、似乎永远都走不到边的密林，生活在这个地域的动物是野蛮的原住民和凶残的鳄鱼。

或许是这个缘故，当一个服务生在一个不恰当的时刻敲响我的房门，然后告诉我说："先生，接下来我们就要到达克里斯托瓦尔[①]了。"我就会迅速地披上长衣、穿上凉鞋，来到甲板上。接着，我就会因为迷惑不解而自言自语："老天，船长是不是走错路了，把我们带到了荷兰湾？"因为映入眼帘的风景和我故乡的海岸一样美不胜收，我的感觉进入运河就好比是来到了马斯河或斯凯尔特河河口。

当然，船再走近一些，我就能够看出两者的不同了。克里斯托瓦尔的地势并不是十分平坦，上面偶尔会出现一些低矮的小山岗。至于景色，就和荷兰十分相似了。假如我乘坐的这艘船不是在鹿特丹而是在这里上岸的话，我一点也不会觉得奇怪。虚怀若谷的美国政府非常慷慨地将这座城市以伟大的意大利发现者的名字命名。在当时，他正在计划着在运河的北部建立一个属于美国的河港，以此来避免从 19 世纪中期以后就成为举世闻名的文艺海港科隆产生直接的联系。

科隆的繁华已成过往云烟，旧址上并没有留下多少东西。威廉·阿思平沃尔建造了一条穿越巴拿马地峡的铁路，将重点设在这里。因此，在全球掀起建造铁路大潮的时期，科隆这个城市也跟着阿思平沃尔一起名扬世界各地。

当时，人们称呼这个地名叫阿思平沃尔。但是，由于已经成为这块土地的主人巴拿马人嫌这个名字太复杂，不久之后就又恢复了科隆（我们都叫哥伦布）

①克里斯托瓦尔：地处巴拿马运河的加勒比海入口处，因纪念哥伦布而得名。

▲ 太平洋的发现

这个简洁易懂的西班牙称谓。这个城市在一段时期内因为疏于管理而导致街道上污水横流，平地成为沼泽，也成为黄热病的制造者蚊虫们肆虐的地方。

1903 年，美国政府在成功导演了一夜革命①的同时，也在这里得到了一块势力范围，获得了从太平洋到大西洋之间那一条狭长土地的所有权。在众所周知的和平条约中，有一个条款是这样规定的："新成立的巴拿马共和国境内所有大城市的卫生管理权都归美国政府所有。"

剩下的故事则可以被视为戈格斯的故事。如果没有这位现代奇人的倾力相助，巴拿马地区就不可能出现一条人工运河。在此之前，只有在法国运河公司的经营下（这种情况和可怜的雷赛布时代非常相似），才能组织起规模可观的西班牙人、古巴人和法国人去掘土开河。尽管这些不同国家的人们都曾勇敢地在那个被上帝遗弃、瘟疫与黄热病肆虐的地方挖过河，但都以失败而告终，这些可敬的人们最后也都长眠于这块热土之下。

现在的运河地区，已经不再是蚊子的乐土，它们很难在当地存活下去，就像谚语中所说的那样，雪球根本不可能长期存在于地面。在不到两年的时间里，这个举止优雅、谈吐文明的美国南部绅士就完成了属于他的伟大使命，然后就把运河的开凿工程转交给另一个美国军官。他给我们提供了一条沟通太平洋与大西洋的捷径——自从1513年以来，这一直是航海人的梦想，到今天终于实现了。

那一年，瓦斯科·努涅斯·德·巴尔博亚在安静的达连山峰成功解决了南太

①一夜革命：在美国政府的策划和支持下，1903 年 11 月 3 日，巴拿马的一些政治人物发动的脱离哥伦比亚的政变。政变成功之后，美国政府得到了巴拿马运河的支配权。

平洋的问题之后，就在9月25日晚上被西班牙政府委任为“海军上将和司令官”。

职务的升迁对于严肃、勤奋却又不懂人情世故的巴尔博亚来说却不是什么好事。尽管他忠于职守，每日都不停地穿梭在地峡和城堡的建筑工地上，向远在天边的天主教西班牙国王送去很多这块新政府土地的描述，但却没有好报。他那些心胸狭隘、办事不力、缺乏条理性的同僚们都对他的职务垂涎三尺，一个个摩拳擦掌，想方设法排挤他、取代他。最后，终于有一个人的阴谋得逞了。

那个人仅仅是捏造了一个罪名，就轻而易举地把巴尔博亚送进了大狱。一个在开审之前就已经罗织好罪名的法庭走了一遍程序之后，就判了巴尔博亚死刑。在四年之前，巴尔博亚还是西班牙发现太平洋的功臣，当时的他意气风发，豪情万丈，站在巴拿马地区最高的山峰上兴高采烈地喊着：“那儿就是太平洋！”但是现在，他却被污蔑为政府的敌人和王国的叛逆，死在小人的屠刀之下。

人们都对共和国过河拆桥的忘恩负义行为耳熟能详。但是，这个观点却是经不起推敲的，至少在运河流域（我后面会讲到这些），根本就找不到无懈可击的事实根据。事实上，无论是可能开凿运河的戈格斯还是完成开凿任务的哥达斯，都受到了他们所服务的政府的重用和赏识。不过，政府给他们的薪水却非常低，以至于让那些私人企业都无法相信。在一些财大气粗的商人看来，一个美国医疗队少校或者是工程队的上校的收入只能买几条香烟。但是，我并不是经济学家，根本就无法判断他们所说的话是真还是假。不过，我还是要在当地逗留一段时间，并借此来说一下在我脑海中萦绕很长时间的一些想法。

由于我长期在新闻界工作，和一些陆军海军的军官都有所接触，因此，也非常理解他们的想法，同时也知道许多开明的社会人士非常讨厌日复一日的操练生活（他们讨厌操练，或许是因为胆怯，也可能是其他的原因）。很多人都瞧不起从安纳波利斯军校①和西点军校②毕业的人。他们认为，军校里的训练课只是花样子，没有任何意义，并因此埋怨设置此课程的陆军部领导们都是自以为是、呆板迂腐的官僚。

①安纳波利斯军校：美国著名的海军军官学校，位于马里兰州安纳波利斯市。

②西点军校：美国最著名的军校之一，因学校坐落于纽约城以北的西点地区而得名。

不过，我的结论却和他们完全相反，从这两个军校里出来的学生，言谈举止明显要比其他大学的毕业生显得有素质。另外，我还发现他们有着名牌大学教授的素质，性格率真而又朴实，无论接到的任务有多么复杂，都会毫无怨言地去完成，从来不发牢骚，也不索取任何报酬。他们今天可能会被派到太平洋的一个小岛上去维护当地治安，明天可能会接受在山地里开凿一条20英里长的沟渠，或者是在不激怒东京那些权贵们的前提之下去组织日本人偷猎海豹的行为，还可能会被派到海上去搜寻一名落水的飞行员。他们胜利完成了任务，没有几个人会为他们喝彩。如果失败了，就需要承担所有的责难与非议。

但是，追求这种职业的人却是络绎不绝。为什么呢？那些对“军人意识”没有好感的人会认为，军人是一种公职，具有其他行业不可比拟的稳定性。尽管这种职业没有多少油水，但却是旱涝保收，收入固定。只要公职人员能够遵守国家制定的几条基本原则，就不会被开除。无论世界经济是繁荣还是凋敝，他们都能如期得到薪水。只要美国政府不破产，这些身穿金条纹军装的军官们就不用担心公司不能履行义务。

除此之外，尽管这种职业的升职时间较长，但上升空间却非常大。那些有抱负的年轻人和海军部顶层办公室的普通职员享有同样的机会。那些办公室职员在普通的士兵面前并没有多少可骄傲的地方，唯一值得自豪的恐怕只有“我在工作上没有任何闪失”这一点——我们经常可以在一些和平主义者和知识分子的口中听到这句话。

但是，就我个人而言，却并不同意他人有关美国军人的看法。我对身穿美国军装的相关人员有着极佳的印象，这种印象在我的意识里已经有30年之久。我对自己的观点坚信不疑：他们和大多数从事其他行业或者是技术的人一点也不同，他们忠心耿耿、无私奉献、勇于献身。

有时候，我也会感到迷惑不解，为什么那么聪明能干的年轻人宁可放弃赚大钱的机会也要投身于收入菲薄的职业当中去呢？他们并不是不知道这种工作收入不高，却还是心甘情愿地加入其中。我想，我已经找到了正确的答案：他们认为自己不太适应竞争激烈的生存方式才选择了军人这个职业，而这个职业也恰恰正是现代经济生活的出发点和最终归宿。

我并不愿意浪费时间去为这个意见或者是与它相反的态度去做辩护。我认为，一个人的选择完全取决于他的生活态度。比如，有很多人会在向客户销售产品的时候得到精神和物质上的满足。但是，对于另外一部分人来说，如果让他们从事一种劝说陌生人既不想买也不需要的商品，他们宁可选择饿死也不愿意去做。对于他们而言，在这个世上最痛苦的事情莫过于去被迫推销自己。

陆军和海军的军人们就属于后面那一种人。他们没有必要为了完成一项任务而去做自己不愿意做的事，他们所从事的工作总会被一些洞察秋毫的眼睛所关注。多年以来，普通士兵和长官们一起在军营或者是军舰上共同生活在一起，每一个士兵的爱好和习惯都会被他的同事们所熟知，每一个士兵的性格也都会在军官们的脑海中留下清晰的轮廓。对于生活在这个世界上的人来说，他们都不是天使，而是一个个有血有肉有情感的普通人，难免会有个人的好恶，在工作上也难免会出现不同程度的错误或疏漏。但是，一套严格的规定却能够将这些缺点降到最低点。换句话说，一个士兵一旦决定不被社会上流行的竞争制度所带来的物欲而迷失心性的话，只要是穿上一套有老鹰图案或者是铁猫纽扣的制服就可以了。军服穿在身上的时候，他们就知道日后所有的生活都要依靠自己的努力就可以了，不会被裹挟着进入说一些违心的话、勾心斗角、使奸耍滑的商业生涯之中。

有为数极少的一些人，性格慵懒，趋炎附势，偶尔也能得逞，在军营中利用纳税人的钱过几年舒服的生活。但是，绝大多数人却并不是这样的，他们都为人正派而又诚实，并且也都有一技之长。他们不愿意在竞争或者是为了攫取更多的物质利益而损害自己完整的人格，不愿意和那些蝇营狗苟的人同流合污。

关于开凿运河的人，我们就谈到这里。接下来，我想谈一下关于巴拿马运河的一些可供参考的数字统计以及当地的地理情况。

对于大多数人来说，他们只是大致知道巴拿马运河并不是字面意义上的运河。其他的运河就好比是一株美人蕉或者是一节芦苇竿的管道，也非常像浴室之中的水管，水流可以顺利地从中流过。巴拿马运河也不像一般的运河那样是在泥土之中挖掘一条水沟，而是很像水流经过了一个类似阁楼的建筑。这条运河除了能够连接大西洋与太平洋之外，还是途经此地的商船唯一的通道。

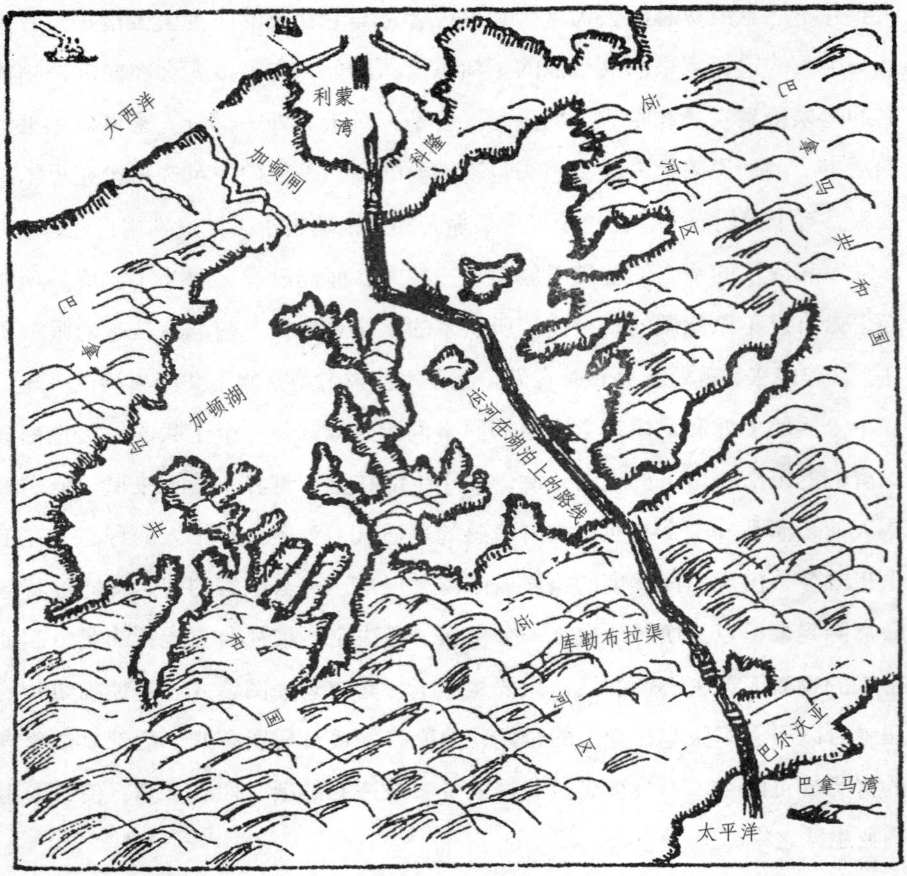

▲ 中美洲的巴拿马运河

巴拿马运河每年的运输量高达 2900 万吨，比举世闻名的苏伊士运河只少 700 万吨。由于河道较窄，一些体积较大的轮船途经此处可能会搁浅。不过，我们没有必要对那几艘水上怪物操心，从现在的种种迹象上来看，它们很可能是最后的超级豪华巨轮，已经来日不多，行将就木。用不了多长时间，它们就会和那些错误地将重量看成质量、把恐龙当成造物主的文明一起消失在历史的云烟之中。

运河流经的美属领地是一块条状的区域。以航道为中心，东西各 5 英里。不过，巴拿马城和科隆并不在这块领地上。自从西奥多·罗斯福总统在当地扶持了一个傀儡政权之后，这两个城市就成为巴拿马共和国的领土。运河所流经的区域并不属于私人所有，所有权统统收归美国政府。因此，那些外来的游客们来到此地之后就会惊奇地发现，这个地区的出色管理者并不是私人企业家，而是当地的政府机构。

整个运河地区的气氛显得宁静而又高效，小巧的电动车有条不紊地在河道上穿行，一点噪声都没有。这里的卫生设施十分完善，居住在这里的居民都觉得自己生活在天堂里，也都坚信自己能活过100岁。在这里，那些技术含量较高、工序复杂的工作都要在白天完成，因为只有这样，才能确保运河始终处在稳定而又理想的运行状态之中。从欧洲去往亚洲的很多船只都会经过此地，每一条船的船主都会附上一笔高额的运行费用，于情于理，他们都应该得到快速而又高效的回报。巴拿马运河不同于穿过平坦沙漠的苏伊士运河，苏伊士运河所要支付的成本只是长期疏浚河道的费用。这个三层的巴拿马运河却提出了完全不一样的问题。下面，我将用一张图来对其进行说明。

如果你是从大西洋乘船来到运河的话，就会首先途经科隆城的所在地利蒙湾。等船进入运河河道之后，就会发现两岸开始向里收拢，船也会随之来到加通船闸。从这时起，船就等于是朝着上方航行，船上的乘客们也就可以开始兴

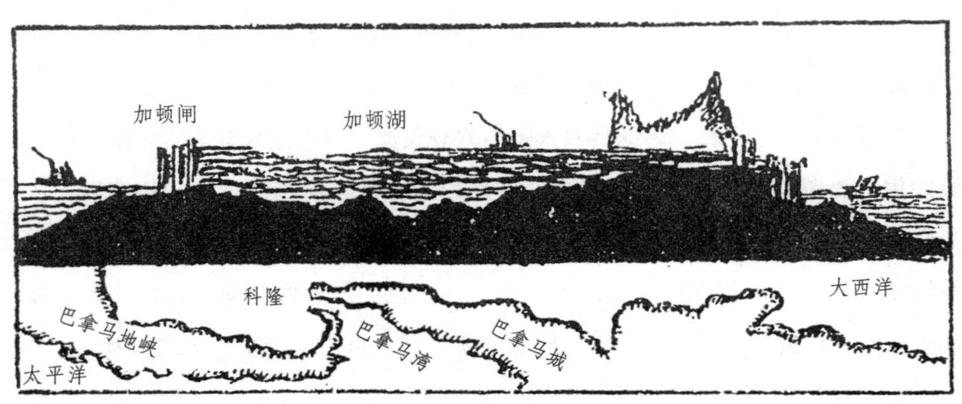

▲ 巴拿马运河部分截面图

奋而又新奇的旅游了。在这里，我要提醒一下，由于从拖船进闸向空中提升40英尺的一切动作都是在无声无息中进行的，如果乘客不是时时刻刻都在注意船身和水位的变化，就很难切身实地地感受这一过程。当你坐在座位上静静地等待着即将到来的演出时，船已经非常平稳地到达了加通湖。

仔细观察一下船向上走的过程，就能看到以下几种情况：

首先，你会看到船在一条类似自动扶梯的水道之中平稳上升。小型电车出现在与运河平行的地方，不声不响地把船只拖到第一个船闸中去。接着，就会有一只看不见的手从船后将闸门关闭。然后，船只就开始了“上升之旅”。这个过程并不是一气呵成的，而是需要三次重复的过程，这个过程既平静又急速，你还没有看清楚发生了什么，船只已经到达了超出海平面 85 英尺的顶部。

我们在乘船经过巴拿马运河的那一天，非常幸运地遇上了天朗气清碧空万里的天气。不过，我在船上想的却是如果碰到了阴雨天气拖船的程序应该怎样来进行和完成的问题。船只驶出运河不久，我就一一领教了热带地区的和风细雨、狂风暴雨和倾盆大雨。不过，当天早晨我却对那里明媚的阳光充满了无限感激。因为只有在这种情况下，你才能切实地感觉到诺亚乘着方舟在航行了 39 天之后的那种迷茫与失望。你会感觉到自己在一望无际的洪水中没有目标地漂泊着，在水面上看到从水中冒出的星星点点的树梢，观察到在别处无法看到的悲惨景象。在这个时候，你也会不由自主地想起法国画家多尔画的诺亚时代的洪水泛滥图——在此之前，这些树木还能够自由地享受雨露，体验着成长的快感，追求着属于自己的快乐。尽管在那个时候所有的生物都要和天灾展开抗争，但在历尽劫难之后，它们都顽强地生存下来。在大树下，在原居民栖身的低矮房屋里，人们欢乐地跳着伦巴舞、塔朗特双人舞、方登戈舞，用吉他弹奏着欢乐的舞曲。他们靠着甜美的热带水果维持生命，然后死于各种疾病之中。他们和他们相依为命的妻子儿女们都染上了各种原本可以预防的疾病：麻风病、牛皮癣、伤寒、肺结核，最后就像苍蝇那样无声无息地死了。他们是有血有肉有感情的人，和那些懒得不想去砍伐的树木一样，理应享受生存、自由和追求快乐的权利。

这些权利是上天赋予他们的，也是每一个人都与生俱来、外在因素不得干预和剥夺的权利——我是站在那些具有悲天悯人情怀的公民立场上说出这番话的，那些善良的人们觉得这些棕色皮肤的同胞们非常可怜，受尽了上天的不公正待遇。其实，这些原住民并不这样认为，在过去，他们一直都过着无忧无虑的日子。只是到后来，可恶的白种人粗暴地闯进了他们的乐土之中，逼迫着他们穿上裤子，硬逼着他们使用牙刷和牙膏，胁迫他们把孩子送到红十字会里去注射预防传染病的疫苗。

我们将会在到达新几内亚海岸之前看到很多这样的原住民。因此，现在也没有必要去纠正读者们的错觉。我们在利蒙海湾所见到的那些土著和白人殖民者到达此地之前的那些原住民还是有着很多区别的。很多人都觉得，棕色人种肩上的负担太过沉重了，生活没有和他们商量就蛮横地馈赠给他们太多的东西。那些土著们对自己悲惨痛苦的生活遭遇束手无策，只能逆来顺受，这种无奈极像那些相貌丑陋、身上长满疥癣跳蚤乱飞的野狗。

但是，这些生活悲惨的土著人却有过一段美好的日子。对于他们来说，这种幸福的日子却是很久很久以前的事了，他们没有赶上那个美好的年代（这是按照当地人的计算方法来计算的，因为这些土著大多在青壮年时期死去，很少有人可以长寿）。一个上帝派来的使者在一个阳光明媚的清晨出现在这块土地上，告诫那些先前闯进来的白种人必须无条件地离开这里，因为这些土著们的家园正在"进步"（我不知道这个词语的具体含义是什么）。白种人在撤离之前，付给了原著民们少量的比索——这些钱根本就不值一提，其价值还不如两三个森塔沃[①]。土著们在拿到这些钱之后没有必要对白种人感恩戴德，因为对于他们来讲，这场交易在本质上就是非常荒谬的。土著们从白种人手里拿到钱之后，就大肆挥霍，去买斗鸡、买政府发行的彩票、给老婆购买廉价的项链首饰、给孩子买糖果。结果，一周之后，所有的人都身无分文了。然后，他们就带着老婆孩子搬到了附近某个山谷之中，住在那摇摇欲坠的窝棚里面。在那里，他们默默地向上苍祈祷，希望那个可爱的天使再次出现在他们面前。盼望着愚蠢的华盛顿政府能够在几天之后再次开凿一条运河，而新开凿的运河所淹没的几百平方英里的土地恰恰包括了他们所居住的地方。

我写的这些东西，可能是漏洞百出。土著人在离开故土的时候，很可能会像清教徒离开斯科鲁比[②]那样依依不舍。但是，我并不相信这一点，因为土著人的身上根本就找不到一点清教徒的痕迹。如果他们是清教徒的话，就不会眼睁睁地看着白种人在自己的家园兴建水利工程，而是会通过自己的力量去掘地开

①森塔沃：一种货币单位，相当于"分"。在菲律宾和墨西哥等国，1 比索等于 100 森塔沃。

②斯科鲁比：英国地名。

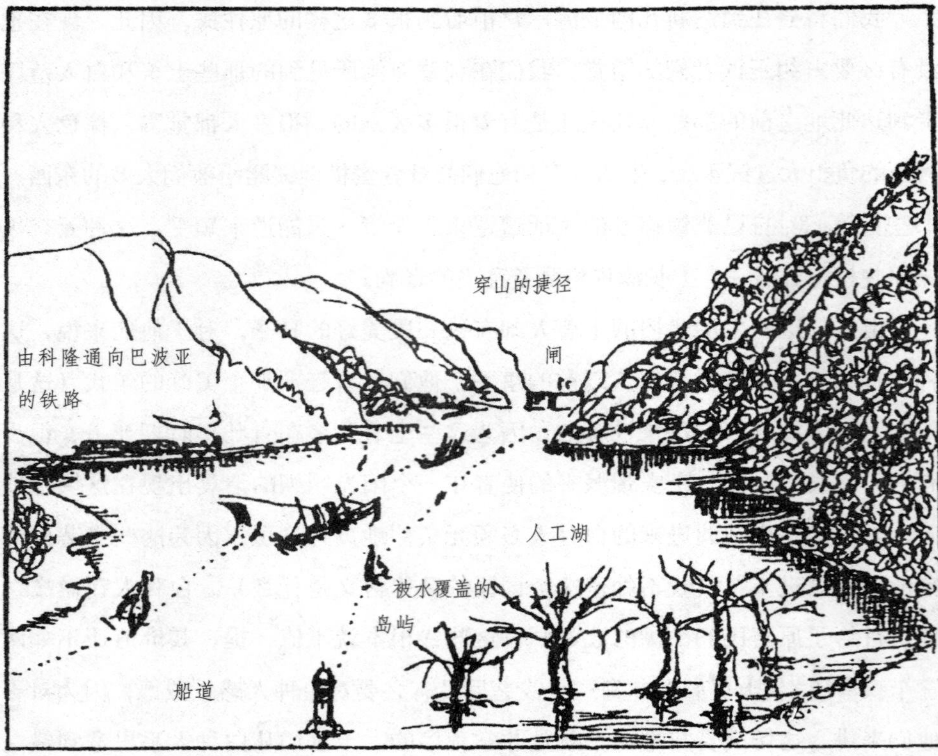

▲ 运河的大部分都是由一个湖改建而成的

河，然后舒舒服服地乘坐着汽船在旧金山和纽约之间自由往返了。事实上，他们没有采取任何行动，依然在贫困的生活中苦苦挣扎。因为贫穷和短寿，土著人都表现得愤世嫉俗。同时，他们对于未来都有着一种不可名状的恐惧感。尽管他们之中的大多数都成为基督教的信徒，但是他们的灵魂却并没有皈依上帝，依然居住在遥远的恐怖地区。他们的恐惧源于基督教的地狱之说，又和现实生活中那些折磨人的医疗器械有着非常直接的关系。白种人会用这些东西在他们的手臂上打针注射药物，借此来免除他们身上的疾病、防止瘟疫的肆虐——在历史上，解决土著人口数量过多的方法不是靠节制生育，而是通过这些常见疾病的传染。

毋庸置疑，瘟疫对当地人的折磨会让人想起那些濒临临死亡的树，那些像鬼一样的怪树朝着天空举起苍白的臂膀，让旁观者见识到了无力的坚持与痛苦。在我登山的那段岁月里（这是很久之前的事了），非常佩服树木身上表现出的勇气。

它们身上强烈的生存意识促使着自己去排除世间万难，这种勇气，即便是最勇敢的人也是望尘莫及，自惭形秽。哪怕岩石之中只有一条带着泥土的缝隙，它们就能在此扎根生长，无论是狂风还是暴雨，都不能阻挡它们的成长。高山之上，空气稀薄，只有极个别的昆虫家族（如果有一点可能的话，这些昆虫们也都会让自己舒舒服服地生活在含氧量比较高的地方）在这里安家落户，其他的生物绝不会和此地的树木一样选择这种被流放的生活方式。如果这些树木们能够在荒山之中安全度过十年的话，就能够骄傲地进入成年期。但是，陪伴它们成长岁月的，却是毁灭与打击。冷酷的狂风似乎了解这些孤单的闯入者任由它们摆布的事实，因此就无时无刻不用疯狂的嘶叫声来恐吓它们，把它们悉数杀死。

在一开始的时候，狂风会让那些树木不停地摇晃、舞动，直到它们弯腰屈服为止。在狂风的袭击之下，可怜的树木就像一个个被众人包围的斗士。接着，狂风又会利用自己灵巧锐利的手去折断树木的手臂和手指，还会把树的后背扭弯、将它们的大腿砍断。这些树木就像我们已经长期遗忘了的法国嘉罗琳王朝里那些勇敢的斗士一样，依靠着躯干之上残存的老枝条做着最后一搏。如果这些老枝条也被狂风砍去，那么，第二年春天，它们的“遗迹”之上将会生长出一些新鲜的树芽。它们的存在好像是在向世界发出呼喊：斗争是不会停止的，它们永不服输，即便是在毫无希望的情况下也不会束手就擒，任人摆布。

我最好还是就此打住，沿着原先的话题讲下去。我自幼就对桥梁、运河、隧道这些人文景观有着浓厚的兴趣。在我看来，它们是人类在和大自然作斗争的过程中最成功的尝试。大自然本身就是一道美丽的风景，它们在地面上规划好了一道又一道很深的河流，然后对人们说：“去吧，我的好孩子们。你们可以放心地居住在这些美丽的土地上，但是你们一定要切记，每一个人只能呆在那块生你养你的那一小块土地上，因为这是我安排好的方式，也是我管理世界的最佳方式。”在刚一开始的时候，人们都逆来顺受，接受大自然的安排，因为除此之外他们什么都做不了。等到人们掌握了给山羊皮充气或者是在篮子里填满泥土之后的技能，那种与生俱来的好奇心就会发酵，大胆的人们就盼望着能够穿过河流去观察对岸的土地上隐藏着什么秘密。接着，他们就发明了代替木排的小船，最后，他们还会告别那些不能给他们的安全带来十分把握的运输

▲ 1914 年 8 月第一艘商轮通过巴拿马运河

工具，转身去建造一座沟通河流两岸的桥梁。从那之后，河流就再也阻挡不住人类的脚步了。

同理，大山因为有了隧道也就变得畅通无阻，人们来到这里就会如履平地。那些因为大自然的原因而彼此不相往来的国家也会变得亲密无间。当然，运河也是如此，从我个人的角度来说，最喜欢的还是苏伊士和巴拿马这样的运河，因为它们都是在蔑视大自然的基础之上产生的。

在美洲大陆的东部与西部之间，大自然建起了一道花岗岩般坚硬的屏障，让这两个地区完全隔离。如果我们的祖先想要从大西洋海岸到达太平洋海岸，只能乘坐木船航行数千英里，想办法绕过很少有人能绕过的合恩角才行。一次往返就要花费几个月时间。一百年、两百年、三百年过去了，那些普通的老百姓非常顺从地听命于大自然的安排，哪怕是从东方运过来的珍珠也必须首先从马尼拉运到巴拿马，然后通过驴子和印第安人（我把驴子放在前面，并不是歧视印第安人，而是因为它比印第安人更靠得住），然后还要艰难翻越地峡的群山，把那些珍奇异宝装到西班牙的帆船上。最后才能穿过另外一个大洋，被收藏到塞维利亚[①]的库房里。

因为使用汽船经过好望角的方式大大提高了航海人员的安全系数，缩短了从中国到欧洲的距离，所以，很多商人和航海家都把其当成跨越两大洋的首选方式。但是，西奈沙漠和达连山峰仍然阻碍了商人的步伐。因此，19世纪60年代，铁路公司就在落基山修建了一条铁路。从1914年8月15日开始，全球所有的船只都选择了这条水上运输捷径。这项工程让所有的船只都告别了巴塔哥尼亚的恐怖大风雪。一支舰队从美国出发，只需用上半天的时间就能驶进太平洋地区。

▲ 1945年美国战列舰密苏里号穿过巴拿马运河

顺便提一句，拜仁在公布首次穿越地峡的那一刻起，就有了通过开凿一条运河来连接两个大洋的想法。不过，在早期提交的所有方案之中，绝大多数都是荒唐不堪的。但是，我在多年之前翻阅荷兰档案的时候，无意间发现了一份与众不同的文件。这个文件上详细介绍了开凿运河的方案。这个方案是荷兰的一个工程委员会在19世纪30年代之前制定出来的。只可惜，时间久远，我已经完全忘记了其中的细节。我之所以会提到这个方案，是因为希望读者之中有一个人在日后成为哲学家，他在思考勤奋与博学的哲学选题时，可以从这上面找到一些灵感——如果这个方案当初能够被当局者采纳，那么，开凿巴拿马运

①塞维利亚：西班牙的城市。16世纪初期，这里是西班牙和美洲各国进行贸易往来的主要场所，也是欧洲人探险和发现新大陆的中心。

河的就是荷兰人而非美国人了。这样的话，也很可能会改变发现太平洋的历史。

遗憾的是，当时巴拿马地区出现了黄热病与疟疾，而这两种传染病也是导致德莱塞普 1888 年宏大计划最终流产的重要原因之一。对于可怜的德莱塞普而言，巴黎交易所里的细菌比疟蚊更具毁灭性和打击性。和老国王威廉在一起的时候，这种内部攻击根本就不具有危害性。因为国王是奥兰治王室之中公认的理财专家，所有的人都对他赞赏有加。但是，在这个庞大的计划面前，精于理财的威廉国王也感到束手无策，最终选择低头认输。因此，这个方案也就成为运河委员会拟定的所有方案之中的一个不显眼的方案，也就显得微不足道了。

从一千年前到现在这个航空技术将要全面取代蒸汽机的历史时代，那位馈赠给我们巴拿马运河这条“沟渠”的罗斯福总统，还有实施开凿运河方案的及戈格斯、哥达斯和所有其他作出过杰出贡献的人都将会被世人记住。这是世界运行、历史发展的一种主要方式，也可能是最为理智的一种方式。和这些伟大的创举相比，死亡和新生才是最主要的。

第二章

达连的古代遗迹

在巴拿马城外的太平洋海岸处，有一条为游人提供便利的海滨人行道。人们都称这条路为“海墙”，因为在很久以前，这里曾经矗立着一道抵抗西方侵略者进入的花岗石城墙——再过上两三百年，后人们就可能会坐在总督岛公园内的长凳上，遥望河对岸的纽约城遗址，以俯视的角度来谈论历史，对着今日的纽约城说三道四。

人们似乎非常乐意把自己打扮成一个哲学家，和《圣经·传道书》里的那个老年传教士一样，口中絮絮叨叨地说着：“空虚之空，万事皆空。”然后，又做出一种道貌岸然高深莫测状去思索人类所有的劳动都是无益之举的陈旧话题。诚然，人类在很多场合中追求永恒的努力和行为都是愚不可及的。但是，当我们来到一个布满灰尘的废弃建筑物前，是不是曾经想过它的辉煌历史，了解脚下的这片土地曾经是一个大帝国的中心，一个发号施令的地方。

和巴尔米拉[①]、特洛伊[②]、巴比伦这些著名的历史城市相比，巴拿马只是一

①巴尔米拉：位于叙利亚中部的城市，城内有巴力神庙等古建筑遗址。

②特洛伊：古代城市，位于今日的土耳其西部。

个小镇。但是，几百年来，它一直被人们看做是新世界中最重要的贸易中心。

巴拿马城的规模并不大，即便是在最鼎盛的时候，也不过是个稍微大一点的镇子。由此可见，欧洲人并没有过度掠夺他们的美洲邻居。本地的导游指南上明明白白地写着，巴拿马古城“曾经兴建过不少现代建筑和西式教堂”。现在，城中仍然能够找到一些教堂的断壁残垣。从这些教堂的遗址上可以推算出，到了 17 世纪上半叶，这个城市的人口规模最多不过两三千。在这些居民之中，大部分人还是政府官员和军队的士兵。人口之所以如此稀少，和西班牙当时的政治制度有关。那时的西班牙还是封建国家，这个国家的人没有行动自由权，未经政府允许，谁也不能自由迁徙。

至于土著人，则很少出现在巴拿马城内。他们每年只出现一次。当时，西班牙殖民者需要当地的驴子来驮东西。带着从马尼拉运来的珠宝器皿，穿过地峡中的群山，来到大西洋沿岸，再将货物转移到西班牙这个天主教国家国王陛下名下的强大舰队上。

对于今日的旅行社来说，风景迷人、魅力无限的巴拿马城无疑是上苍馈赠给他们的珍贵礼物。但是在过去，这里只是一个平静到无聊的小海湾。在今日澳大利亚北部海岸地区，仍然能够找到如此偏僻的地方。当时的巴拿马，街道肮脏，城市布局凌乱不堪，社会治安十分混乱，城内随处可见的贫民窟里居住着衣衫褴褛的奴仆。他们都是为西班牙王室提供服务的人。尽管赫赫有名的西班牙王室成为世界的头号霸主，统治着整个已知世界 1/2 的疆土，但国内财政却是时时捉襟见肘，多次频临破产的边缘。当王室们债台高筑的时候，就低三下四地向犹太人借钱，但是，如果他们不再需要犹太人的钱袋的话，就会拼命地虐待犹太人，以此为乐。

史学界很长时间以来，都对一个问题迷惑不解：西班牙为什么能够做了那么长时间的世界霸主？这个国家在对待殖民地的问题上乏善可陈，几乎每一项政策都是愚蠢至极。第一，它们设在殖民地的政府机关，缺乏创新之举，做事只是拘囿于一个固定的文件规定之内，面对突发事件，反应极其缓慢。这些超出了人们的想象，以至于让时下和后来的人都觉得难以置信。而西班牙的中央政府也是如此，官僚们面对那些可能会改变整个历史进程的文件和报告，要么是束之高阁，要么就是胡乱分档。尽管塞维利亚的国库里充盈着从殖民地掠夺来的金银财富，但是，国王的水手和士兵们却从来没有及时地得到过薪水，甚至是接连几个月都没有薪水。士兵和船员们的饮食条件和医疗条件都非常差，他们的待遇比那些商船上被贩卖的奴隶好不到哪儿去。但是，和这些衣不遮体、食不果腹的士兵们形成强烈对比的却是长官们的大发横财，富可敌国（西班牙的政治家和美国的不同，他们每一个人都贪赃枉法、中饱私囊）。如果士兵们稍微表示一下不满，就会遭到毒打。西班牙官员对下属们极其残忍，在他们的严刑酷法面前，以残暴而著称于世的英国人纳尔逊也自愧不如，纳尔逊所使用的一系列酷刑也就显得温和了许多。尽管如此，西班牙政府依然能够轻而易举地招募到为数众多的水手，因为那些应募者们的生活远比在西班牙的皮鞭之下要还要悲惨。

这么一个强大而又虚弱的帝国竟然能够和其他励精图治自强不息的帝国一样长期并存于世界之上，实在是让人搞不懂，也让历史学家觉得匪夷所思。另外，在美洲的很多地区，西班牙的文化、宗教、政府组织形式依然得到有效的保留。这让另一个殖民帝国英国甘拜下风。假如英国人第二天离开印度的话，那么，在那个骄阳似火的半岛上，只能留下几千英里锈迹斑斑的铁轨、几座破败不堪的海港码头、几个摇摇欲坠的英式建筑、几滴为奥马海亚姆的狮子和胡狼而留下的怜悯之泪，除此就再也剩不下什么了。

我应该写一本关于太平洋的书。从严格意义上来讲，西班牙殖民帝国的问题应该属于大西洋的范围。因此，在这里，我只能简单地介绍一下这个殖民帝国的情况，做到点到为止即可。当然，我也没有必要为此而感到遗憾，反而觉得这是一件好事，因为我实在不知道从哪里寻找西班牙帝国能够长期称雄于世界的答案。

西班牙是天主教的国度，作为一个加尔文派的教徒，我很难理解他们的所作所为。这个国家的祖先们，宁可让洪水淹没自己的国家，也不愿意让托尔克马达[①]的信徒染指。因此，我只能猜测他们的做事动机。不过，我对自己推测的原因依然保持怀疑态度，西班牙国民的日常生活中，天主教的各种礼仪是至高

①托尔克马达：西班牙的第一任宗教大裁判官。他在任期间，曾用火刑处死2000多名异教徒。

无上的，既不容置疑，也是每一个国民的力量来源，因此，它才让那个帝国成为一个空壳之后依然顽强地生存下来，在历史上持续了相当长的一段时间。

在我们生活的美利坚共和国的土地上，公民们的思想和生活方式都比较自由，也坚信一个民主国家的男人和头脑健全的公民没有必要被各种条条框框所束缚。绝大部分国民都认为，没有必要太看重外部的仪式，更没有必要花费时间和精力去反对那些迂腐不堪的宗教规定。当然，从学术的角度来看，主张用严格的礼仪制度来管理人们的日常生活并不是一点也没道理。这些礼仪制度是不可或缺的，可以产生难以估量的作用。比如，一个天资聪颖的人，尽管没有在学校里接受过教育，但完全可以过上幸福美满的生活。但是，那些生性驽钝智商较低的人，如果想要摆脱命运的摆布，过上美好生活的话，就有必要去学校接受正统的教育了。因此，天才可以自己设置一些法律法规来作为个人的行为准则，其他人只需要服从这些规定就可以了。至少，西班牙国家就是这样的。这种观点颇具有真理性，从那些诸多严格的组织原则和结构复杂的机构上完全可以证实这一点。

这种行为准则能够产生一种神奇的力量。当一个国家或者是一个王朝经历了100多年的风雨，丧失了建国初期的锐气和元气之后，这种行为准则就成为维持国家运转、保持社会稳定的唯一力量——罗马帝国的皇帝和其继承者拜占庭帝国的执政者们正是靠着这种行为准则才维持了几百年的统治。在通往首都的大路上，那些蛮夷部落的酋长们可能会大吹大擂，夸下海口说，他们将大举进军，占领皇宫，将皇帝赶出宫廷。但是，一旦他们真的来到王宫大殿里，管窥到维持了上千年的古老礼节之后，他们那原本就底气不足的自大和自负就像阳光下的露水一样瞬间被蒸发掉了。这些野蛮人顿时失去了嚣张的气焰，被传统的习俗给驯得服服帖帖。

在历史上，这样的例子数不胜数。从理论上我们不难理解天主教为什么仅仅是历史的傀儡，因为这和所有的清教徒都严格地服从加尔文教派的教义一个道理。假如天主教的教徒们提出了独立思考和人身自由这样的问题，那么，罗马教会就会顷刻间灰飞烟灭。不过，圣彼得教堂之内的教皇仍然在信徒中间自信地踱步，法老的埃及扇子（最初法老用来表示权威的标志）正缓慢而又有条不紊地在圣彼得人的头顶上来回摆动时，我就依然坚信基督教的这一分支依然具有强大的生命力。换句话说，一个清教徒的事业之所以自我瓦解，归根结底还是因为他所信仰的宗教已经不再具有严格的宗教仪式，或者是那些严格的宗教仪式已经失去了公信力。

有很多欧亚王朝都曾经不止一次地面临境内的革命压力，但最后都化险为夷，幸免于难，这是什么原因呢？我认为，除了大多数人需要一个由固定的仪式而带来的稳定社会局面之外，再也找不到其他原因了。毫无疑问，如果英国人、瑞典人、荷兰人和丹麦人想要改变他们的政治体制的话，完全可以在不费一枪一弹的情况下就能实现。但是，这仅仅是一个假设的问题。事实上，这种情况出现的概率非常小。对于那些手握对百姓们生杀大权的执政者们而言，放弃这种早就不堪重负的工作，完全就是一个求之不得的事。但是，这些人都具有高度的责任感，他们把自己定位于传统文化的接班人和延续者。因此，他们绝不会不负责任地放弃手中的权力。当然，大多数的臣民也都是传统主义者，只不过他们眼里的传统是每天都需要的面包和黄油。这也是他们坚持索要更多东西的原因。

假如这个世界上没有瑞典的古斯塔夫①、荷兰的威廉明娜②、丹麦的克里斯蒂安③和挪威的哈康④，各国的领导人都是墨索里尼和希特勒那样的暴徒的话，地球会变成什么样子？我们不敢想象，也希望这一天永远不会到来。诚然，民主能够避免传统整体极容易出现的漏洞，但却不是十全十美的。从希特勒和墨索里尼上台的过程来看，民主让世界付出了惨痛的教训。

我们从巴拿马的废墟之中了解到，这座城市始建于1519年，2年之后，麦哲伦发现了菲律宾，50多年之后，马尼拉被西班牙朝廷任命为它在东亚所有殖民地的首府。也就是从这一刻起，征服者（好玩的西班牙语中，“征服者”和“匪徒”

①古斯塔夫五世：瑞典国王，开明的立宪君主。

②威廉明娜：荷兰国王。二战时期率领全国人民抵抗德国的侵略，是当时荷兰人反法西斯的象征。

③克里斯蒂安十世：二战时期的丹麦国王，二战时期坚决反对纳粹德国的侵略。

④哈康七世：挪威国王。二战期间率本国军民反抗纳粹德国的侵略。

这个残忍的词语是一个词语）才开始了对东方那些可怜的土著人的掠夺性远征。等到西班牙人在菲律宾群岛站稳脚跟之后，巴拿马就成为从亚洲途经巴拿马地峡最终抵达西班牙这条国际贸易航线上重要的连接点。由于当时还没有开凿运河，所以克服这道航线所带来的困难就只有靠大量的驴子和廉价劳动力了。因此，巴拿马地区的海岸线上，每年都会出现成千上万身材矮小让人垂怜的土著男女、信奉男女平等的西班牙当局在处罚土著人的时候，无论处罚对象是男是女，都会施以鞭刑。

那些可怜而又不幸的土著人在空旷炽热的土地上像牲口一样成群结队地聚拢在一起，耐心地等待着征服者的调遣。在如此恶劣的环境之下，他们是如何活下去的，又是如何失去了生命，恐怕只有上帝知道了。最后，西班牙的大帆船终于能够绕过马拉角向白珍珠岛驶去了。从外表上看，这些大帆船的船身经过精雕细刻，行动笨拙、速度缓慢，完全可以称得上是16世纪西班牙无敌舰队的翻版。当其他的航海国家早就换上了船体较小、速度变快的舰艇时，西班牙依然使用着本国的大帆船。

后来，西班牙海军逐渐衰落，不得不离开了历史舞台。出现这种情况的原因无外乎他们墨守成规、因循守旧、缺乏创新精神。那些笨重的战舰完全称得上是漂浮在水面上的要塞，它们在平静的地中海地区屡建奇功，为西班牙的崛起做出了不可磨灭的贡献。但是，在波涛汹涌的太平洋和大西洋中，这些船只由于无法打开舷窗，导致重炮失去了用武之地，从而沦落成为被敌人任意攻击的目标。尽管这些大帆船上配置了上百门火力充足毁灭性强的重炮，只要发射炮弹就能把英国、荷兰的海盗船轰得粉碎，但是，那些驾驶着便利快捷小帆船的异教徒们都有一手绝活，能够迅速地驾着船穿越大炮的射程区来到安全的水面。在那里，西班牙的炮弹从帆顶呼啸而过，而海盗船上所发射的每一发炮弹都能不偏不倚地击中西班牙的船只。

当然，这需要冒着极大的风险，英国人和荷兰人必须在最后一刻让船变成之字形之后推进大海之中，而这个时候，西班牙的大炮也瞄准了他们。他们知道，自己随时都有可能被炸得血肉横飞，死无全尸，丧身鱼腹。在这种残酷的遭遇战中，也会出现一些幸存者。但是，他们的下场却好不到哪儿去。他们被西班牙人从水中捞出来之后，也难逃死亡的魔爪。只不过同胞们死在海水里，而他们却被吊死在悬挂西班牙国旗的桅杆上罢了。这些异教徒们对于西班牙国王毫无信义可言，只会影响王室的财政收入。因此，国王的军队就对他们毫不手软，格杀勿论。但是，只要是海盗们能够在枪林弹雨的对决之中捡回一条性命，就能够转败为胜，而实现这种由败到胜的转变，只是时间早晚的问题。

他们首先做的就是集中所有兵力去攻击西班牙大帆船的操舵机。大帆船在船舵被摧毁之后，就会失去动力，成为废物。那么，接下来，海盗们就会紧盯着猎物不放，好比是一只猎狗一连几天锲而不舍地攻击一头野猪那样，直到小帆船上射出的炮弹不偏不倚地击中大帆船的致命部位为止。在这个时候，西班牙的绅士们除了缴械投降和投水自尽之外已别无选择。

在这片太平洋的偏僻海域上作战，很容易让人产生荷马史诗中所描述的那种崇高感。这些来自英国和荷兰的小帆船们，都在很久之前离开了家乡，经过6000—12000海里的航行才来到这片之前不曾探测过的海域。小帆船所到之处，遇到的是美洲大陆两侧紧闭的港口。他们缺乏淡水和食物，只能在茫茫大海之中拼命地挣扎。如果他们需要补充淡水或者是停靠在岸边刮去船底的水生物的话，只能去那些被荒废的洞穴之中。当然，那里也并不是绝对安全的，他们还需要冒着被当地人杀掉的危险（在土著人的眼里，所有的白种人都是一个德行，一个鼻孔出气）。如果他们的行踪被西班牙人的海岸巡逻队发现的话，就可能在被抓到之后被当地西班牙政府送上绞刑架。

成功的机会可以说是微乎其微，但失败的系数却又是非常大。这并没有什么不同之处。尽管有这样那样的困难，每次航行都是九死一生，但是，这些鲁莽的海盗也让西班牙人焦躁不安，高度警觉，严阵以待。西班牙人和海盗经过了一年又一年的较量之后，制造了船体更大、坚固性更高、配置炮火更多的装备金银财宝的帆船。与此同时，为了方便巡逻，他们也制造了一些船体较小的帆船。这些小船是舰队的先遣队，一旦他们在海上发现可疑船只，就会发出警报，让后面的大船做好战斗准备。

但是，即使如此，也不能确保西班牙舰队的万无一失。因为大船上的东西价值连城，仅仅是一个箱子里面的财宝，就值一两百万荷兰盾。水手们如果能够得到一箱珠宝，就能保证让每个人在大城市里买一套带小花园的大别墅，过上衣食无忧的生活。在贪念的刺激之下，英国和荷兰的官员们就把船上的人员控制在安全所需的最低范围之内。也是因为这个原因，这两个国家16–17世纪的工程师们不得不设计出各种节约劳动力的设备，好让日后的10个人能够完成以前需要50个人才能胜任的工作量。在之前的那个时候，他们从西班牙帆船上掠夺来的财富都是50个人平分的。

我非常希望尽可能多地了解一下古代的设计师们的生活，但是，我对他们的日常生活就和对当时的科学与艺术的了解一样，知之甚少。他们所生活的那个时代是让人难以置信的时代，那个时代中，有过经济繁荣的局面，也出现过民生凋敝的时期。宣传机器一天24小时都在转动，能唱歌的米老鼠和挪威音乐家克尔斯坦·弗兰格斯塔德的隐私都受到国人的关注，大字不识几个的小人物和阿尔伯特·爱因斯坦的言论都得到有效的保存。但是，那些中世纪的伟人却没有留下任何音讯，即便是距离今天较近的16–17世纪的伟人，也没有留下诸如在公证处的遗嘱或者是结婚证书这些和生平事迹有关的物品。

除此之外，我们的祖先也并不看重名人的事迹。在这一点上，他们远远不如今人。比如法国的贞德[①]，这么一个赫赫有名的人物，却在法国的正史上找不到一个字的记载。她的故事还是人们在一个穷乡僻壤的村落里发现了原始资料之后，又用现代文字整理、创作而成的。

不过，这也在一定程度上解释了为什么我们的祖先能够取得如此卓越的成就。他们都对自己和自己所从事的工作保持着一种平常的心态。他们之所以能够成为一个技术精湛的工匠，是因为他们能够专心致志地去做手头的工作，从来不会一边忙着手里的活计而又一边盯着别人的反应。他们为人谦逊，没有好为人师的毛病，不喜欢有事没事就教训他人“应该怎么样”。在他们看来，在这些小事上浪费时间是非常愚蠢的行为，这样做除了满足那些社会垃圾信息收购者的需求之外，再也没有任何意义。如果放在今天，那些专门从事某种技术或者是艺术的人，都有着很重的功利心，永远都围绕着“名望之塔”团团转。

①贞德：英法百年战争时期法国的民族英雄。

这些人都是势利眼，在谈论专业话题的时候（这在每一个艺术家的生活里都是不可或缺的内容），只愿意和业内的精英人士交换意见，而不愿意和那些业余爱好者们进行沟通。

在中世纪，那些制作粗陋的方箱船逐渐被飞剪式的大帆船取代。尽管后来出现的早期汽船将这些大帆船挤进了历史的垃圾堆里，但飞剪式大帆船诞生和应用的这一段历史时期，却是一直被航海人津津乐道的。不过，工匠们在造船的时候如何使用斧头、双脚规和模型（当时的海军设计师们从来不用设计图，而是根据模型来进行施工）制造出现代意义上的大船，我们就无法知晓了。

荷兰画家伦勃朗曾经画过一幅造船匠的油画。我们从中可以管窥一下当时造船厂的情形。画中的人物是一个身体壮实、性格敦厚的普通老百姓，他整天都和工友们吃住在一起，把家务活都甩手扔给了妻子。他们都是普普通通的平凡人，但却非常了解造船的工序和标准。

我们都知道"泰坦尼克号"游船因撞上冰山而沉没于海底的故事，却不知道在这起灾难发生的同一年中，一艘已经是"150 高龄"的"成功号"木船却安然无恙。尽管我们不知道"成功号"的设计者是谁，却知道具体的设计方案。或许，拿着"泰坦尼克号"的遭遇来寻找道德教益会显得有些不地道，但是当我们坐在达连海墙的长凳上时不可能不浮想联翩，将这两条船拿来比较一番。

当可怜的老巴尔博亚坐在小山顶上凝望着太平洋的时候，脑子里究竟在想些什么呢？我猜测，他可能为他下山之后选择何种方式生活来保证自己的平安而忧心忡忡。从当时的情况来讲，他留在山上可能会生活得更好一些。后来，他在阿克拉的广场上被砍掉了脑袋，艰苦卓绝事业辉煌的一生却以身首异处而告终，让人不胜嘘唏，甚至还会义愤填膺。但是，历史不容改变，我只能如实地将真相记录下来。

现在，我正努力地想象着这个地方从前的样子。

从东方掠夺而来的财富经马尼拉来到地峡平安到达巴拿马湾之后，木箱和包裹就会从大船上卸下来，由成群结队的土著人扛着像一队幽灵一样向北穿越地峡。沿途，许多人都因为不堪重负而毙命。那些木箱、包裹和木桶就转移到印第安人的背上。最后，再装进西班牙的大帆船里。从那个时候开始，航程的危险系数就大大增加了。这是因为，英国人和荷兰人早就在被封群岛和安的列斯群岛上建立了据点，随时都会对西班牙的大帆船进行突袭。英国人和荷兰人的行为像极了经常出没在莱茵河畔的强盗贵族一样，为了金钱甘愿铤而走险。

把财富从世界的一端运送到另一端，这是一种最愚蠢也是最笨拙的方式。但是不知道为什么，这种方式竟然延续了200多年。在这200多年的时间里，亚洲和美洲的金银源源不断地流向欧洲地区。

很多历史学家们都曾经计算过从亚洲和新世界里流向欧洲的财富总数，但都因为找不到可靠的数据而作罢。不过，有一件事却是显而易见的，大量财富的流入，对旧大陆的经济和生活产生了非常重要的影响。这无疑是一场灾难，因为旧大陆的人们在此前的1000多年里都是通过货物交换来进行商业往来，现在涌入的数量巨大的现金直接摧毁了以往“公平交易”的概念，也破坏了经过精心构思之后才建立起来的各阶级之间的权力平衡。封建领主的权力受到极大的削弱，以改革而著称的精神革命也出现了苗头。

首先，它意味着一些幸运的人和胆大妄为的强盗得到了许多“便宜的钱”。因此，越来越多的人加入到海盗的队伍里。人们无法计算出这几百年里英国人、法国人和荷兰人中出现了多少航海家和殖民地的冒险家。这些人只能让我们感到耻辱而不会有任何的骄傲和自豪。当然，他们也并不是十恶不赦，因为哪怕他们最贪婪、最残暴的时候，也比科尔特斯①和皮萨罗②高尚得多。毕竟，他们只是一些商人。他们追求的只是兜售货物，赚取利润，而不是杀人越货，攻城略地，强迫别人接受自己的价值观。

经过和异教徒之间500多年的战争，西班牙人的狂躁、偏执和心胸狭隘发展到了顶峰，不可理喻，让人难以置信。他们把印第安人都当成穆斯林，威逼这些可怜的人要么改变自己的信仰，要么从这个世界上消失。从北方来的人逐渐感觉到，一个有着公平和正义的鹅才能够心甘情愿地下蛋，并且下出有利可图的金蛋。但是，西班牙人却只想拥有金蛋，根本不考虑鹅的感觉。现在，提到这个话题，

①科尔特斯：西班牙殖民者，曾在1519年率领西班牙军队入侵墨西哥城。

②皮萨罗：西班牙殖民者，在秘鲁和厄瓜多尔地区确立了西班牙的殖民统治。

人们的心里都会有一丝不悦，我们也正在努力地改善着和南方大陆同胞们的关系。作为和睦相处的好邻居，我们就必须赞扬那些生活在格兰德河[①]下游的同胞们所取得的伟大成就。我们现在之所以能够宽容地看待南北美洲之间的差别，很大一部分原因是因为有一个共同的敌人——希特勒。一旦“伟大的阿道夫[②]”驾鹤西去，那么，两地的距离将极有可能和以前一样，再度拉开十万八千里。南美洲的同胞之所以会和我们有如此大的距离，并不是因为作为一个民族他们不如我们聪明，缺乏我们身上的勇气或者是缺少其他的东西，而是他们绝大部分人都遵循一种和我们自身信仰的东西不同的人生哲学。这个地域的人们是集权体制的追随者和拥趸者。他们的祖先把罗马帝国时期的集权主义和罗马教会的集权主义与奥匈帝国哈布斯堡王朝的集权主义融合在一起，形成了本民族的特色集权体制和思维。从政治角度上来看，他们应该是独立自主的人，但在情感和思维上，他们却从来都没有彻底摆脱以往集权主义的框架。用一种比较夸张的说法来说，他们都长着天主教的脑袋。我们和他们则不同，没有受到多少罗马的思想的影响，民族历史也并不长，几乎所有人都保留着对自由和独立的原始渴望。在天主教看来，我们都是异教徒、革命者和“持不同意见的人”。在对生活最根本的观点上，我们依然是不折不扣的反叛者和决不妥协的个人英雄主义者。当然，这并不代表我们不懂得商业知识、科学和政治团队的团结与合作。事实上，在这些领域里面，我们的南美洲同胞们比我们所追求的个人主义更严重，只不过，他们把我们推崇的“个人主义”演变成了“自私”。

现如今，身边的每一个人都会大肆鼓吹宽容的精神，强烈要求他人尊重自己与众不同的观念和想法。但是，他们对于其他兄弟民族却一点也不宽容，更不尊重。安安静静地坐在达连水边的一个长凳上，这种思想就会越来越清晰，也越来越真实。

我在运河区呆了一天之后，第二天又去了巴拿马共和国的首都。托老罗斯福的福，我在那里过了一天无拘无束的生活。当然，我绝不会因为当地人的热

①格兰德河：发源于美国落基山山脉，中下游河段是美国和墨西哥的国界线。

②“伟大的阿道夫”：希特勒。

情好客而停止思考，也不会因此而做些无根据的比较。尽管当地人经常接触到“好人”和“优秀的人”这两个词语，但却并不知道它们的意思和之间的区别。

随着物理世界变得越来越小，人与人之间的接触就越来越多。当信奉着两种不同思想的人聚在一起的时候，要想和睦相处，最明智的方法就应该是彼此承认相互间的差距，而不是费尽心力地去建立一个无论是在意识还是在感情上根本就不存在的共同基础。道理非常简单，只要是双方都坚持自己的信仰，这个基础根本就不可能存在。

当然，这并不是说我要主张让人们回到那种非友即敌的中世纪中去。我对那种制度厌恶到了极点，期待着不同肤色、不同语言、不同信仰的人能够和睦相处。也正是这个原因，我才彻底抛弃了“彼此相爱”之类空洞的言论，才不遗余力地反对让那些不喜欢外事访问的南美总统来美国做客的外交政策。为了欢迎总统和夫人的到来，我们需要浪费掉3.98元的礼炮。而此刻，总统夫人却并不感恩戴德，而是无限烦恼，她思考着如何从这些差强人意啼笑皆非的忙碌之中脱身，好去纽约第五大道自由自在地逛街。

我觉得，民族之间需要的是“相互尊重”，而不是“彼此相爱”。因为爱一个人不是一件容易的事，还会出现很多意想不到的风险——对我来说，这可能是最后一次谈论这个话题了，因为我日后不可能再重游此地，也坦率地告诉读者对这个地方并没有任何兴趣。

现在，我正坐在建在昔日帝国遗迹的长凳上。这个帝国化为过眼云烟，它灭亡的原因有两个：一是不会运用政治经济学之中最基本的法则，也不了解这些法则的用途；二是因为有着狂热的宗教激情，把传播天主教看成这个国家的责任。

传统的西班牙人仍然具有这种强烈的宗教责任感，现在依然用他们的勇气和热情来维护自己的宗教信仰。在这一点上，我们望尘莫及，也非常佩服。但是，我到现在依然对来自两个世界的冲突感到迷惑。运河地区代表着北方世界，独立国家巴拿马共和国代表着南方世界。这两个世界到现在为止依然是水火不容。我想，如果我们在对南方邻居的态度上能够奉行“现实主义”政策的话，双方的关系就不至于这么剑拔弩张，两个世界的人的处境就会变得更好一些。

我在前面提到的那片辽阔的水域，实质上就是地中海文化的延续，到现在，已经有400多年的历史了，从文化意义上讲，它属于拉丁文化的一部分。

现在的太平洋正处在一个十字路口，因为它即将成为美国的内海。而美洲文化（我们应该还记得自己的祖先）则是北海和波罗的海的组成部分。

接下来，我们出现了一个悬念，在最有利可图的北海、波罗的海和日本海文明之间，谁将成为真正的主宰者？一个有历史眼光的观察家不可能不提到这个问题。他们知道，迄今为止，人们对待同类的方式并没有发生多少改变，依然停留在将自己的意志强加于对手身上的阶段。尽管作为高级动物而存在的人类在驯服动物方面成就斐然，但仍然是掠夺成性的残暴物种。和其他只攻击不是同类的动物们相比，人类还要攻击和毁灭自己的同类。在动物之中，只有狼和鬣狗才这样做，但它们也仅仅是在出现特殊情况的时候才会选择这样。

因为我这本书的题目叫《发现太平洋》，内容只是讲述一下发现这一片水域的历史，因此就不愿意在政治问题上浪费笔墨和时间。在这本书里，我想提出一个既颇具诱惑力又鲜为人知的问题，这个问题涉及到历史上所有人的耐力和勇气。

在这本书中，我想讨论的就是最早发现太平洋的探险家。这个人既不是麦哲伦，也不是塔斯曼，更不是库克。这是因为，白人出现在太平洋上并没有多长时间。当他们出现的时候，所有的探险工作都已经完成了，而且每一个有人类居住的岛屿上都已经种上了可可树。但是，这个人是谁？他做了哪些探险工作？他从哪里来？如何克服了将欧洲人拒之门外的种种困难？

即使在华盛顿时代，欧洲人对澳大利亚和夏威夷群岛的了解也不是很多，远不如他们对格陵兰和斯匹次卑尔根[①]或者其他北极圈地方的了解。

这是一个浪漫而又神秘的颇具吸引力的题目。当然，我们在经过实地考察之后，发现那里并不像年轻人想象的那样风景如画、引人入胜，这个题目已经与浪漫无缘了。但是，神秘感却依然很浓。不妨想象一下，屈指可数的几个人在没有地图和没有罗盘以及任何近代航海工具的情况下，乘着一只小小的木船，却能够在地图上从来就没有做过标记的7000万平方英里的浩瀚水域之中找到出路，难道不是一件非常神秘的事情吗？

①斯匹次卑尔根：挪威群岛，位于北冰洋巴伦支海和格陵兰海之间。

我们对装满了珍奇异宝从西班牙途经马尼拉最终到巴拿马的商船也同样抱有很大的兴趣，毕竟他们保证了安全并且获得不错的成功。但是，如果用独木船或者是双体的独木船做主要交通工具，从新几内亚湾航行到复活节岛就是另外一回事了。这是因为，这个航程至少有 8000 多英里——这种航行在历史上的确是存在的，而且还相当频繁。因为从新西兰到檀香山的各个岛屿上有人曾经定居之后，两地的人们并没有失去联系。在这段时间里，中间可能会因为一些突发事故而音讯全无，但他们总是时刻牵挂着对方，并且非常重视他们共同的血缘。

为数极少的幸存者依然对自己那个遭受劫难的种族保存着非常大的希望。在他们看来，再也没有比白人玷污之前的太平洋诸岛更可爱的世界了。当然，我并不是说这些岛屿在白人出现之前就是天堂，这里的居民一个个都是天使，每个人对待邻居都非常亲热，更不是说岛上的居民都具备《圣经》里摩西十诫的美德。而是说哪怕他们都是一些十恶不赦之徒，也不会感到任何痛苦。这是因为，在文明稀薄的塔希提岛挨饿和流浪汉在纽约的贫民窟里挨饿根本就不是一个概念。前者可以从树上摘一些果子充饥，哪怕是晚上在大街上露宿也不会被冻死，而后者要么极寒而死，要么就低三下四地向救世军乞讨一些食物。尽管救世军会给他提供少量的食物，但却会无休止地提醒受施者乞讨是一件很不光鲜的事情。这样一来，那些乞讨者的心情就会非常低落，也充满了负罪感。

为什么还要坚持下去呢？100 多年以来，白人已经征服了愚昧的波西尼西亚人。这也难怪这个种族的人希望灭绝得越早越好。

如果摆在我面前的只有两个选择：一条河（无论河水冰冷刺骨还是处处泥浆）、一杯咖啡、一个面包圈，还有穆迪和桑基的歌曲在耳边奏响。我知道自己应该做什么，并且毫不犹豫地去做。但是，坐在巴拿马河岸边上考虑这些问题未免太不合时宜。因此，我就打定主意，离开这个产生烦恼的达连城，动身去往太平洋。

麦哲伦曾经称这个全世界最大的海洋为“南太平洋”，他的手下们则叫它“母性太平洋”或者是“平静之洋”。在这片海域之中，他们曾经在极度绝望中祈求一丝微风的到来，好去扬帆寻找食物和淡水。

根据现在的情况，我们在不久之后就会将其易名为“冲突之洋”。

第三章

白人到来之前的太平洋

我们在这一章中看那些西方探险家们的探险过程，总觉得是一群专业不精的外行在漫无目的地四处游逛。这一章中的资料都来自于那些对探险史非常熟悉的学者们之手。当然，如果内容里面有一些不准确的地方，决不能归咎于他们，而是应该由我来负责。

在我借鉴的所有文献之中，价值最大的是彼得·巴克博士所著的《东方的海盗》。这本书是每一个准备去太平洋旅游的人的必备手册，同时也是旅游者在阅读朋友们为了让其有一个愉快的旅程而赠送的侦探小说之前首先的阅读首选。

这个出身于望族的博士和人类学家是一个幸运儿。他的父亲是欧洲人，母亲是毛利族人，他小时候生活在新西兰的外婆家，他对毛利族的风俗人情非常了解，就像我非常了解荷兰一样。得天独厚的条件让他成为一个从内部而不是从外部去观察一个其他民族的人类学家。这个具有双重身份的混血儿博士，是研究毛利族的业内翘楚。他回到美国，就好比是在外的游子回到家乡，当他返回新西兰的村庄时，那些往日的邻居们根本就不拿他当外人，而把他当成毛利族的一员。因为童年长期生活在这里，所以他在村庄里依然能够找到小时候的感觉，而这种亲切的感觉，是人们了解其他民族的最佳方式。

大名鼎鼎的彼得·巴克曾经亲口对我说，他完全同意这个观点，他去过很多地方，都没有一处比在波利尼西亚感觉更亲切，也没有一处的信息比在波利尼西亚的更真实。在环太平洋地区和太平洋中的各岛屿中，一个人要想真正了解当地人，走进当地人的世界里，首先就要保证自己是一个当地人（或者是至少能让当地人接纳）。巴克博士做到了这一点，无论他走到哪里，都没有被看成是外地人，他母亲的血统让他很快成为该民族的一分子。因此，在那些装备精良、内心强大的欧洲野地工作者看来是可望而不可及的事情，对他来说是不费吹灰之力。除此之外，巴克博士身上还具有欧洲学者的严谨与思辨的学术素质。他在和当地人交流的时候，能够轻松地分辨出哪些信息是真实的，哪些信息是为了本民族的荣誉而编造出的谎言，哪些信息又是因为记忆有误或者是为了取悦于他人而有意无意进行夸张的。

那些还没有受到商人、传教士和欧洲偷猎者的影响的波利尼西亚人，具有一种与生俱来的谦卑与随和。在他们看来，和陌生人之间进行辩论、否定对方的意见是很不礼貌的行为。比如，一个远道而来的陌生人向他们问道："那座美丽的泥塑怎么着也有1000多年的历史了吧？"被问的波利尼西亚人就会客客气气地向对方行鞠躬礼，顺从地说："亲爱的朋友，它的确有1000多年的历史了。"尽管这个泥雕不过是本村的工匠为了哄孩子玩而用当地的砂石雕刻出来的石像，但客气的玻利尼西亚人却不愿意戳破，免得让对方觉得尴尬。这个神像有多少年历史，有何用途，都是无关紧要的。如果外国人断定它有1000多年的历史，就干脆把它看成千年之前的文物好了。

看来，要想得到真实的答案，还原事情的真相，就只有一种方法可以选择了：搜集到尽可能多的证据，仔细比较一下不同证据之间的差别，将当地人出于客套而说出的谎言排除掉，去伪存真，最后再得出一个与真相接近的答案。在一般情况下，白种人根本就做不到这一点，如果听到太多互相矛盾的说法，得到难以计数不能自圆其说的答案，白种人就会悻悻然、愤愤然，甚至还会厉声斥责那些可怜的异教徒是无可救药的说谎者。而那些异教徒对此也会感到不快，他们明明是为了照顾对方的情绪才说出那些话的，没有受到表扬倒也罢了，竟然还如此不识抬举地斥责自己。他们觉得这是一种耻辱，于是就怀恨在心，对那些外乡人敬而远之，如果再遇到有人提问那些愚不可及的问题，他们要么搪塞过去，要么三缄其口。

波利尼西亚人觉得外国人都是不可理喻的怪物，只相信那些荒诞不经的说辞。因此，每当外国人向他们请教问题的时候，他们就会故意提供一些荒唐可笑的答案来。现在，当地还流传着一个和葫芦有关的奇闻轶事，而这个奇闻则是异教徒们为了戏弄白种人而编造的。

据说，夏威夷的航海家们曾经把葫芦做成最原始的六分仪，他们靠着这个简陋的航海仪器找到了太平洋的航道。其实，这个故事里的每一句话都经不起推敲。只不过是当地一位瓦胡族的酋长太了解白种人的心思了，于是就瞅准一个绝妙的时机，把这个故事编造得惟妙惟肖、有声有色。结果，那些颇为自负的客人们都信以为真了。从那之后，每一本和太平洋有关的小册子里面都出现了这么一个钻了孔装满水的水葫芦。尽管这个说法漏洞百出，也没有任何站得住脚的理论作支撑，但却很少有人揭穿，反而一代代地流传下来。

我非常欣赏那位有着一身棕色皮肤的朋友的做法。我在年轻的时候，也做过一些和他相似的事。在我年轻的时候，有很多无法判断出真实年龄的女士和一些头脑简单的好心人，为了寻找地方特色而来到我生活的那个小镇，她们希望从小镇上得到珍贵的资料，好去完成一本《荷兰风景》的著作。当地人提供的真实故事往往让她们大失所望。为了满足她们的心理需求，我就经常凭空捏

▲ 波利尼西亚人眼中的世界

造一些耸人听闻的故事，结果受到这些人的欢迎。而我的乡亲们一看到这种情况，就纷纷加入“讲故事”的恶作剧的行列之中。没有想到，那些傻瓜们的著作出版之后，竟然引起了轰动效应，市场反应之热烈，竟然可以和经典著作《银冰鞋》相媲美。

《银冰鞋》自从面世之后，好心的荷兰人为了让美国民众相信里面的内容就好比是印第安人在百老汇大街上横冲直撞，穿着鹿皮大衣的美国总统从白宫的窗户里就能举枪射杀野牛的美国故事一样是真实的，就处处竭力维护。但是，最终也没有奏效。《银冰鞋》至少对四代荷兰人产生了很深的影响，所有人都在努力地以本书为根据，告诉别人“低地国家”[1]人们的生活是什么样子的。如果有一个更加熟悉此事的评论家胆敢提出任何不同意见的话，就有人主动站出来对他提出警告，让他保持沉默。否则的话，他就会被人们误解为心胸狭隘，妒忌心强，因为自己写不出这种吸引眼球、富有想象力的畅销书而妒忌他人。

因此，那些可怜的土著朋友们没有必要为此而忧心忡忡，更不用因为说谎而背负道德的十字架。北海的《银冰鞋》和珊瑚海的《银冰鞋》之所以能够长期流传，主要取决于书中介绍的地方特色和地方魅力满足了人们的猎奇心理。只要这种猎奇心理存在一日，那些编撰这类书籍的女性作家就不会被拆穿。因此，对于这些作家们而言，好运气就在这里。而另外那个因为编造了“食人花”而名扬海内外的可爱女士，也是沾了猎奇心理的光。当然，那位想象力丰富的女作家比较识相，当她听说世上出现了真正的生物学学科之后，就立即动身回国了，没有给他人留下质疑的机会，也让自己避免了身败名裂。

学富五车的印度教教师们在给学生们上第一堂课的时候，都会要求他们忘掉以前所学过的所有知识。尽管这是一件很难完成的事情，但却很有必要。我在讲述太平洋的故事之前，也希望你们能够忘掉在学校里学习的一切和太平洋早期历史有关的知识。忘掉在学校里学到的那些东西，忘掉麦哲伦、塔斯曼和库克上校，同时还要忘掉那些在航海史上占据重要地位的欧洲航海家们。为什么要忘掉他们呢？因为这些人充其量不过是蹩脚的业余爱好者和初次航行的人。

①低地国家：大体上包括现在的荷兰、比利时、卢森堡等国家和地区。

就拿詹姆斯·库克那样能力超群的船长来说，他或许是在环球航行的航海家中的出类拔萃者，也是这些人里面最富有人情味的人，但如果把他放在那些不知名的波利尼西亚的探险家们面前，也会矮上半截。这些无名无姓的探险家们在白人到达之前，就已经找到了从塔希提岛到夏威夷群岛、新西兰和整个南太平洋其他部分的航道。他们所依靠的东西并不多，没有指南针，也没有其他的航海工具，只有几个装着淡水的葫芦。尽管条件简陋，遇到很多意想不到的灾难，但他们却到达了和复活节岛（很可能是碰上了好运气）一样远的岛屿之上。在茫茫的海域之中，这些孤岛就像沧海一粟。但是，那些探险家们在当地定居下来之后，就能在最短的时间之内和往日居住的岛屿取得联系。取得联系可能要经过一段漫长的时间，期间还可能有长达半个多世纪的中断期。但是，只要是波利尼西亚人发现了这些岛屿，就绝不会让它们和加那利群岛①、马德拉群岛②、格陵兰和美洲的遭遇那样得而复失。尽管欧洲人在很早之前就发现了这些地方，但在中世纪之后却又将它们遗忘了。因此，就导致了欧洲人在不再恐惧那些宣称安蒂波德斯群岛的存在纯属胡扯的神学博士的时候，却不得不从零开始，再次去寻找。

我们对于早期的波利尼西亚船长们乘坐的船只和使用的航海方法一无所知。当时的人们还处于石器时代，手中的工具只有木器和石器。直到后来接触了白种人之后，才逐渐掌握了金属工具的运用。

在一般情况下，石头只能被打磨成斧头和矛尖这样的武器。但是，如果把他们放在用木头制作的船上就非常不合适，脆弱的木船很可能被这些武器戳穿。波利尼西亚人认识到了这一点，他们造船的时候就选择了木材和麻纤两种材料。这样一来，船身就能承受得住锤击的威胁。当时的人们还没有充分利用好火的功能，在造船的时候就没有人想到在树干中间烧出一条窄槽（这是我们在北海和波罗的海沿岸的祖先们经常使用的方法），而是选择用石斧凿洞的笨法子。这些航海家们在制造用来横渡太平洋的独木舟时，都要选择比一个树干做成的

①加那利群岛：古称幸福岛，是北大西洋东部的火山群岛。

②马德拉群岛：北大西洋中部的群岛，属于葡萄牙的领土。

独木舟更宽、更长的木料——现在，我们可以在新几内亚或者是其他的小岛屿上看到用一棵树干制做成的独木船。不过，这些船只是孩子的玩具，是大人们交给孩子如何划桨用的。这就和家长们为了让孩子熟悉海水而用橡皮马做教具是一个道理。

▲ 孤独

当然，波利尼西亚人在有些事情的选择上和世界其他地区的土著人大致相同。在接触了白种人之后，他们就主动抛弃了自己用手工制作的工具。等会儿，我会详细介绍一下这个问题。其实，这种现象在世界各地都能看到。当处在原始文明之中的土著人遇到白种人之后，就会产生一种强烈的自卑感。他们把白种人当成无所不能的神，因为这些白种人无论做什么事，都比那些棕色人、铜色人和黄种人做得精致、做得完美。在这种强烈的对比之下，土著人就会觉得他们制作的工具和物品一文不值，毫无用处。在自卑心的作用下，祖先们遗留下的东西就在劫难逃。土著人毫不怜惜地将那些东西付之一炬，打入冷宫，任由那些巧夺天工的雕像在树林中自生自灭，把那些原本可以进入博物馆当做珍藏品的制作精良的船只拖到岸上捣毁。白种人制造的枪筒似的低劣现代建筑被土著人视为珍宝，而那些精雕细刻的石斧和矛尖则被扔到厨房的垃圾堆里。他们还脱掉手工纺织而成的美观而又实用的衣服，换上了白种人用大机器生产的哈伯德妈妈牌子的棉布。尽管那些棉布对身体有害，一点也不美观，但却被波利尼西亚人视为珍宝。

土著人对于服装和装饰的转变这个话题，我们还可以继续讲下去。其实，他们的自卑和屈辱感并不仅仅局限于物质生活的层次上，在精神生活方面亦是如此。他们把自己敬奉了几千年的神灵看成骗子，毫不犹豫地将之抛弃，转身戴上了十字架，信起了沙漠之神摩西和被犹太人处死的耶稣。这个沙漠之神对于波利尼西亚人来说，总有那么一点点似曾相识的感觉。因为摩西和他们的君主一样冷酷无情、睚眦必报、嗜血成性、杀人如麻。原始人们很快就理解了《旧约》之中的教义：有仇必报、决不饶恕。傲慢自大、敌视一切外来事物正是这本书的精华。

但是，人们不禁对一个问题感到好奇，这些愚昧的异教徒们是如何在传播仁慈、宽容、友爱的《新约》之中找到共鸣的呢？答案非常简单，就是那些信仰正统基督教的、第一批闯进他们生活的白种人。这些早期来到波利尼西亚的人都和“查理·达尔文号”探险船的船长们一样，对上帝耶和华忠心耿耿。而且，绝大部分的传教士都是耶和华的忠实弟子而不是耶稣的追随者。所以，从表面上来看，波利尼西亚人并没有被迫做出什么较大的改变——我们在研究早期的拜仁殖民者和土著人之间的关系这一课题时，必须记住另外一个事实：白种人神奇的劳动起到了言传身教的作用。那些自愧不如的异教徒们见到了白种人的先进工具，接触了白种人的先进文明之后，都自愿放弃了本民族的“特色”。

在土著人看来，白种人拥有让人称羡的魔法，他们制造的船比黑人制造的更快也更安全，他们生产出来的枪炮比土著人的弓箭更有杀伤力，他们生产出来的药品可以让奄奄一息的人恢复健康。就连他们信仰的上帝也会经常显灵，帮助他们打败敌人（白种人和其他肤色人种在作战的时候，取胜的机会比较多）。

土著人对白种人的顶膜崇拜并没有持续多长时间。终于有一天，他们回过味来了。白种人既带来了令人诅咒的进化大军的追随者，也给当地人的生活带来了不安定的因素。那些在动荡的旧世界中无依无靠的人们接连不断地遭到痛苦的折磨和死亡的威胁。现在的白种人完全换上了另一副面孔，他们不再是提供新鲜货物的商人和传递福音的传教士，而是变成了无恶不作的开发者和烧杀抢掠的征服者。鲜廉寡耻的白种人将本国的旗帜插在这块原本属于那些早期定居者的后代们的土地上，以此来耀武扬威，震慑、恐吓生于斯长于斯的土著人。他们在旗杆的四周建起了一道道的城墙，并在城墙上安装了杀伤力极强的铜炮。而管理这些铜炮的，则是来自于白人贫民窟之中的社会败类。他们都是没有结婚的单身汉，身强体壮，性欲极强。和他们那些蛮不讲理任意践踏当地人主权的主人们一样，这些流氓们经常在光天化日之下强抢民女，寻欢作乐。

除此之外，还有其他的船只时不时地来到海港进行骚扰，和第一批来到这里的白种人抢夺地盘。两伙人常常兵戈相向，大打出手。在白种人自相残杀的炮声里，土著人只好从枪林弹雨中逃出来，躲到一个安全的地方。而那些白种人则以炮火论胜负，谁赢了谁就是这块土地的殖民者。

接下来，土著人里的老人和智者们的心里就产生了一丝疑虑。他们认识到自己犯下了不可饶恕的错误。他们的祖辈和父辈过于迷信白种人的商品和文明，以至于急不可耐地抛弃本民族的信仰，结果就种下了祸根。为了赎罪，将本民族从水深火热中解救出来，他们就决定恢复过去的传统。但是，尽管他们付出了很多，做出了许多努力，却没有什么成效。毕竟，时光不能倒流，历史不会重演，他们所有的尝试只能在惨遭失败之后再度蒙受更大的耻辱。面对白种人带来的文明，他们只有两条路可以选择：逆来顺受，忍气吞声；不堪受辱，自我了结。

为了捍卫本民族的尊严，绝大多数土著人似乎宁死不屈。那些即将死亡的人们，眼神里不可避免地带着极度的绝望，表情中难以掩饰内心的迷茫。选择死皮赖脸活下去的土著人看到这一切之后，更加坚定了自己的选择，也就不再去关心完全没有意义的过去。结果，他们就刻意地选择了遗忘。

我们所了解的有关波利尼西亚人发现太平洋早期历史的零星材料都不是依靠文字的形式流传下来的，而是通过口口相传才保存到今天。当他们和白人接触的时候，还没有想到利用文字或者是符号来保存本民族的历史资料。他们没有自己的文字。后来，他们接受了白种人带来的文字。但是，这些文字只是圣经故事和赞美诗。除了极个别的人之外，担任教师的白种人对于早期的海上探险家没有任何兴趣。他们觉得，没有必要在谋划廉价劳动力换取丰厚利润不沾边的事情上浪费精力。因此，我们只能从萨摩亚人、塔希提人、毛利人的传说之中了解一些那个伟大探险时代的活动线索，就再也无法从其他地方找到有价值的资料。子孙们将祖先们用鲜血谱写而成的篇章做了整理和分类，并进行了潜心研究。尽管我们从中得到的东西不是太多，但至少还能做出一个和历史真相相差不多的推测。但是，那些能够保留下来的东西确实少得可怜。这些东西都是什么呢？恐怕，只有上帝知道了。亦或许，这些珍贵的历史资料悉数淹没在白人的杜松子酒和朗姆酒里。

第四章

散落于太平洋中心的岛屿

这些人从亚洲大陆抵达美洲海时，经过了哪一条航线呢？

我们不知道最初的波利尼西亚人来自哪里，但基本上可以断定他们和马来人没有任何关系，只有一些巴布理人的血统。而斐济岛上的居民和新几内亚人存在着一定的血缘关系。我们从两个民族都具有的一头浓密的头发上就可以推算出这一点。

尽管波利尼西亚人曾经到达过新西兰，却对近在咫尺的澳大利亚一无所知。对此，我们也不必感到诧异。因为在100多年以前，我们的祖先到达美国的时候，对南美洲的概况也一样是一无所知。或许，他们在驾舟出海的时候会偶尔被海风吹到澳大利亚的土地上，但他们可能和我们一样对澳大利亚的土著没有任何好感。波利尼西亚人有着健壮的体格，有着尚武精神，自豪于本民族的纯正血统，不愿意和与野人无甚两样的种族相接触，以免玷污了自己高贵的人格。

当然，这些结论仅仅是我的揣测。不过，我的揣测并不是空穴来风、无端臆想。哪怕我们在不经意间和这些南方大陆的土著们有过一次会面，就极有可能有一种隐隐作呕的悻悻之感。这就好比是我们遇到了一个已经沦为贫民窟醉汉的远方表兄弟一样尴尬。尽管心里十分别扭，却不能不承认和他们有亲戚关系，还是要平等地对待他们。尽管他们的皮肤比我们的稍黑一些，但这并不代表和我们相距甚远。他们的肤色受到当地环境的影响。事实上，如果让欧洲人长期生活在热带地区，他们的皮肤也白不到哪儿去。南美洲的女性尤其是少女们，一般都有着姣好的容貌和善解人意的性格。因此，有很多欧洲人和美洲人来到此地之后，都宁愿主动告别本民族的文明而娶热带土著的女子为妻。

按照现代人的审美观点来看，这些黑皮肤的少女一旦成为妇人之后就不敢让人恭维了。毋须否认这一点，否则的话，就显得自己太愚蠢了。不过，即使她们人老珠黄，也丝毫不影响那双风采依旧的眼睛所发出的魅力，那个时候依然会有无数的“独木舟”对她们一见倾心，甘愿陪着她们浪迹天涯海角。我们白种人在这一点上远远比不上她们，一旦到了发福的年龄，那双眼睛就会黯然失色。

接下来，我就要用地图来说话了，因为地图是要去看而不是去听，亲眼所见的东西远比道听途说的知识更真实、更直观。在接下来的内容里，我要竭力避免出现太平洋神秘起源的话题。因为这个问题太深奥了，想要弄清楚至少需要花费几年去搜集、辨别资料，然后才能做出一番有价值的推测。

众所周知，太平洋是全世界最大的海洋。它比只有 4132.17 平方英里的大西洋大得多，水域面积高达 6863.4 万平方英里。另外，它的水位也比大西洋深得多。太平洋最深的地方，位于菲律宾和日本海之间，目前可以探测的深度是 32410 英尺，而大西洋却只有 27917 英尺。34210 英尺是一个什么概念呢？打个比方说，如果把世界的最高峰额非尔士峰[①]放到太平洋最深的地方，峰顶距离海平面还有 5000 英尺的距离。

太平洋的面积大概是北美洲和拉丁美洲总和的 4 倍（两个大洲的面积加起来差不多有 1500 万平方英里），也是亚洲面积的 4 倍，几乎是欧洲的 20 倍。

太平洋最深的地方是怎样形成的？为什么那个地方的水位最深？这个深凹是怎样形成的？到现在为止，也没有一个正确的答案。当然，曾经有一种说法，

①非儿士峰：珠穆朗玛峰，海拔 8848.13 米，位于中国和尼泊尔交界的喜马拉雅山上。

这是由一名德国科学家提出的。他认为，太平洋之前是月球的所在地。几百万年之前，地球出现了一次大灾难，月球被地球抛弃，成为一个独立的星球，而它留下的那个“大坑”就变成了太平洋。这个理论真假与否，却无从考证。我想，这个题目还是留给知名报刊《周日》杂志的编辑们来做吧。现在的读者已经对“梅亚林的悲剧”和“昆虫世界的性行为”之类的话题感到厌倦，如果那些编辑们能在这个话题上论述一番的话，想必能够引起读者的兴趣。

▲ 向东朝美洲驶去的波利尼西亚人

另外，还有一种说法，这种说法似乎更符合科学的逻辑，这个观点的提出者是阿尔弗雷德·魏根纳[①]。当初，他那本关于大陆和海洋起源的书刚一面世，就受到其他专家和教授们的诘难。那些人给这位同行扣上了一顶“异端邪说”的大帽子。因为魏根纳在书中表示，我们这个星球和它的居住者的来源仍然需要时间和材料来进行证实和假设。但是，实事求是地说，我们不能对魏根纳的学说嗤之以鼻，更不能对他的观点冷嘲热讽，因为他不但是一位著名的地理学家，还是一个优秀的探险家，具有非常丰富的实际经验。他提出的大陆漂移学说绝不可能是无缘无故的推测，也不可能是一个没有真才实学者的信口开河。

魏根纳的那本学术著作的第一章内容就是对世界起源做出的新推论。他认为，地球在生成时期只有一大片海洋，洋面上漂流着一大块干燥的土地。这就好比是你的一杯咖啡上面漂着一层奶酪。如果你想不起来这个画面的话，可以在吃早餐的时候动手弄一下。当你用小勺搅拌咖啡的时候，那层乳皮就发生了

①阿尔弗雷德·魏根纳：大陆漂移说的创始人，奥地利地球物理学家。

▲ 魏格纳（1880—1930），德国气象学家、地球物理学家，被称为“大陆漂移学说之父”。

变化。接下来，你就会发现皮薄的地方开始产生缝隙。随后，缝隙就越来越大。最终，几个小块就从中间分离了出去。根据我了解的情况，这应该就是魏根纳教授关于大陆漂移学说的基本构成。

如果你身边恰好有一张旧地图的话，就不妨把其中的一张世界地图撕下来，然后找一把剪刀将所有的大陆都剪掉。然后，你就再和做一张拼图游戏一样将它们拼接在一起，那么，你就会惊奇地发现，它们严严实实地拼成了一个整块，其完美程度不亚于将一个破碎的餐盘拼成一个完整的餐盘。

魏根纳断言，大陆仍然继续在漂移。它们离开始的中心点越来越远。而这个中心点正好处于极点的旁边。假如在5000年之后，有人在弗拉辛的垃圾场里捡到了当代著名学者惠勒教授的文物资料储存器，那么，他对这件事情的了解就绝对会比今天的人多得多。哪怕现在的手头上没有充足的资料，我们也对魏根纳的观点越来越重视。稍微接受过一点地理学知识的人都对这一学说耳熟能详。

下面，我们再来看一下地图。从亚洲东海岸到美洲西海岸之间的广阔水域中分布着难以计数的大小岛屿。大如澳大利亚、婆罗洲和新几内亚，它们就好比是一个又一个占地面积相对较小的洲；而其余的岛屿就非常小了，其中有很多岛屿不过是稍微大一点的岩石而已。我根本就记不清一共有多少岛屿，因为数目实在是太多了，多到让人不敢相信。就拿菲律宾周边的水域来说吧，就这么一块不大的地方，竟然存在着7000多个大大小小的岛屿。从严格意义上来讲，我们经常提到的太平洋诸岛并不是那些经常想到的那些大岛。事实上，太平洋西部的岛屿通常被人们看作是亚洲大陆的一部分。在历史上，它们曾经和亚洲大陆是一个整体。准确地说，能称得上太平洋诸岛的只有那些库克船长和其他探险家们在太平洋上发现的岛屿。这些岛屿都以太平洋为中心，曾经被波利尼西亚的人命名过。在英文中，Poioi 的意思是“诸多”，Nesos 的意思是“岛屿”。

在大部分的世界地图上，并没有把夏威夷诸岛包括在波利尼西亚岛之内。因为夏威夷群岛太靠北了，发现的时间也比较晚。而波利尼西亚诸岛是由北部的斯波拉蒂斯、中部的凤凰岛、埃里斯岛、联合岛、马尼希基、侯爵岛，东部的库克岛、塔布亚岛、社会岛和图莫图岛共同组成。在距离皮凯恩 1100 英里的地方，有一个由几块岩石组成的小岛名叫“复活节岛”，是波利尼西亚到美洲海岸的前沿阵地。这个岛的名字很奇怪，而以“复活节”命名主要来源于一个探险故事：1773 年的复活节，一群感染了坏血病的水手们在船长罗盖费恩的带领下发现了这个小岛。这个不大的小岛之所以享誉全球，主要是因为白人探险家在此处发现了一个巨大的石像。这个石像的身份不知道是神还是人，是波利尼西亚人最优秀的艺术品之一，也是世界雕刻史上绝无仅有的艺术品。这个巨大的石像有一双迷茫的眼睛，忧虑地凝视着浩瀚而又空寂的太平洋。现在，它被安置在一家博物馆里。如果你见到它，就会不由自主地浑身战栗。有人说，哪怕是但丁在他的地狱之旅中，也从来都没有见到过这么惟妙惟肖的绝望神情。

现在，很少有船只出现在复活节岛的周围。对于一般的游客而言，这里没有一点特别之处，也没有任何好玩的地方。这个岛的价值只是在于告诉人们，在波利尼西亚人接触到白人的那一刻，本民族的灾难就要来临了。

复活节岛上的居民对于本部落的历史一无所知。从日常生活来看，他们似乎成为原始波利尼西亚人和马来人的后代，他们也具备了较高的文明。因为他们没有依靠牛马等牲畜的力量，而是通过自己设计的机械，就将重达 50 吨的巨大石像从采石场运到之前选择的地方。

另外，他们还在没有任何外来力量的帮助下发明了自己的语言和文字。至今，他们的象形文字仍然停留在岩石上。只可惜，时间久远，人们已经无法去破译这些象形文字的意思了。当地的土著人已经彻底和他们的历史失去了联系，这就好比是 18 世纪尼罗河谷的居民已经彻底和古代埃及的辉煌没有任何联系一样。不过，相比较而言，埃及人比波利尼西亚人要好一些，至少在罗西塔的石头上留下了一个用象形文字和希腊文共同写成的故事，我们还可以从中管窥一下这个伟大民族的辉煌历史。但是在复活岛，什么东西都没有，那里只有一群

▲ 古代斯堪的纳维亚人也在这时驶向西面的拉布拉多

可怜的原住民。他们不知道自己的历史，甚至也不知道这里为什么会出现一个巨大的石像。不过，可以肯定的是，这些人里面一定有波利尼西亚酋长的嫡系后代。这些让人敬佩的酋长们早在14世纪就已经勇敢地穿过1400海里的公海，在莫图岛开创了新领地。在最鼎盛的时候，他们曾经让6000多人称臣，这在当时的确是不小的数目。只可惜，现在这个岛上的人口已经不足250人了。

在19世纪上半叶，岛上的居民遭遇到一场空前的浩劫，而这场灾难起源于人们毫无节制地开采鸟粪。不知道从什么时候开始，从智利到秘鲁沿海的岛屿就变成鸟类生长栖息的地方。由于鸟类数量较多，天长日久，地面上就被一层厚厚的鸟粪所覆盖。在白种人到来之前的几百年里，秘鲁人一直把这些鸟粪用作田地里的肥料。到了19世纪初期，欧洲人发现美洲西海岸群岛上的这些鸟粪是大自然馈赠给他们的巨额财富，为了提高欧洲本土的农作物产量，他们决定将岛上的鸟粪全部运走。

然而，要把这些鸟类的粪便转移到货船上，却是一件不受欢迎的工作，欧洲的水手和探险家们根本不屑于和鸟粪打交道。为此，白人殖民者们就想到利用当地的土著人来完成这项又脏又累的工作。而智利本土的酋长们出于一种邪恶的目的，很快就和白人殖民者们勾结在一起。他从白人那里雇佣了军队和船只，突袭了复活节岛，将岛上所有的男壮年劫走了。尽管他们做事的时候神不知鬼不觉，但他们的阴谋不久之后仍然大白于天下。

今天，复活节岛上的幸存者们安静地坐在海边，无可奈何地等待着这个王国走向衰败。现在，海岛上也偶尔会出现一些乘着帆船远道而来的探险家，但他们在这里逗留不了多长时间就原道返回了，因为此地除了波利尼西亚人建造的颇具特色的石头房子之外，再也没有任何有考察价值的东西，而那些有价值的东西，早就被前期的同行们给弄完了。前来考察的探险家们离开之后，海岛又恢复了平静，岛民们再次静静地坐在海边，等待着下一批探险家的出现。

这个南太平洋的故事和我们在旅行指南的小册子中看到的故事有些出入。但总体而言，凡是和波利尼西亚人有关的历史记载都是大同小异的。这些人在过去是勇敢的战士和熟练的水手，但现在却都沦落为汤姆斯·库克家族旅游业和其他旅行公司挣钱的工具。在诸如堪萨斯的女教师、很难从面貌上看出真实年龄的女游客，都是一些不甘寂寞而又居无定所的人，她们喜欢掏钱看波利尼西亚人的“潜水表演”。那些人真是太可怜了，受尽了旅行公司和旅客们的侮辱。真为他们只能在浅水里表演而遗憾，如果他们能够潜得再深一些，就能从海底捞到祖先们曾经用过的战斧，然后就可以拿着这些武器去劈开那些殖民者的脑袋，撕裂他们的身躯，按照祖先们最好的配置方式将这些人的肉制做成最坚硬的食物。可惜，一切都是空想。可怜的波利尼西亚人只能通过这种方式拿到几个小钱，买几支劣质的香烟，然后沉沉睡去。除此之外，他们什么也做不了。

波利尼西亚主要通过两座小岛来和亚洲本土取得联系。北面的那座小岛面积狭小，因此就被称作密克罗尼西亚，Micro 可表示该岛小的程度。我们的飞行员都知道这个地方，他们曾经尝试着沿着这一条线做一次跨越太平洋的飞行。南部的关岛是密克罗尼西亚桥梁的起点，同时也被人们视为“窃贼岛”或者是马里亚纳群岛的最南端。

▲ 太平洋上的复活节岛

太平洋上的绝大部分岛屿都有一个十分迷人的名字。尽管实际上看上去它们可能显得特别恐怖，但出现在地图上时却是另一番模样，都是经过乔装打扮之后才出现的。在这一点上，马里亚纳群岛就是一个比较明显的例子。当麦哲

▲ 关岛日出

伦率领手下人第一次（1521年）踏上这个带着污点的小岛时，发现这里的居民（和一些美国的旅客们那样）都非常贪婪，抢走了他们所有的东西，只留下了那些钉在甲板上搬不动的家伙。于是，麦哲伦和他的同事们就把这个群岛称为“窃贼岛”。当时，在盎格鲁人也就是撒尔逊人听来，Los Ladrones（西班牙语，贼的意思）就好比是西班牙人听到 Cellar door（英语，门的意思）一样悦耳。但是，西班牙的绘图者却并不这么认为。150 多年之后，西班牙人重新给这个群岛起了名字，名叫“马里亚纳”，以此来表示对西班牙国王菲利普第四的遗孀、奥地利的马利安娜陛下的尊敬。从那之后，马里亚纳这个名字就保留并流传下来。在 1899 年美西战争之后，西班牙人就是以这个名字将该岛屿卖给了德国人。在第一次世界大战中，日本人又占领了它，并在 1918 年将其变为自己的托管地。

关岛是马里亚纳群岛之中面积最小的一个岛屿（面积只有 210 平方英里，人口约有 1.8 万），属于美国的领土，不归日本人托管。在美西战争爆发之前，美国就占领了关岛，准备将这里建造成海军基地，以待将来发生战争时能更快更好地采取行动，占领先机。出于同样的考虑，美国人也占领了一个名叫雅浦的神秘岛屿。该岛屿属于密克罗尼西亚地区的罗伦群岛，从严格意义上来讲，和马里亚纳群岛没有任何关系。

雅浦岛经常出现在各大报纸的新闻里，这一点总让人觉得有些匪夷所思。1919 年，这个神秘的岛屿竟然导致美日两国政府的纠纷，两国领导人在处理起来时十分头痛。因为日本在 1919 年的巴黎和会上取得了加罗林岛和马里亚纳群岛的占有权，所以就理直气壮地宣称雅浦岛属于日本的领土。对此，在本岛上有着很大利益点的华盛顿政府表示强烈不满。因为美国到中国和荷兰以及东印度群岛的海底电缆连接点设在雅浦岛。因为美国政府没有批准凡尔赛合约，所以就拒绝执行凡尔赛条约中的有关规定，并以此为契机，寻找了一个冠冕堂皇的理由来和凡尔赛体系叫板，对国内外宣称，如果将属于本国的属地雅浦岛拱手让给日本，就等于是让美国成为战败国。

双方僵持不下，最后决定通过谈判解决，在华盛顿召开一个国际会议（该会议在1921年12月12日签订了一个名叫《华盛顿协议》的文件），决定根据“平等互惠”的原则来解决这一领土纠纷。美国承认日本在这两个群岛上的托管权，而日本也同意让美国自由进入这两个群岛。因为这两个国家都是平等的身份，所以在谈判中就经常出现剑拔弩张、怒发冲冠的情况，没有一方会忍气吞声、委曲求全，而是经常会义愤填膺地甩给对手这么一句话：“简直就是胡说八道。”

在当时，作为后起之秀的无线电发展速度非常快，它的发展极大地降低了雅浦岛作为电缆基地的重要性。但是，这个小岛依然对美国起着举足轻重的作用，因为泛美太平洋公司在每种航线的飞行途中需要这个很小的地面站。从美日签订合约的那一刻开始，我们就经常听到群岛主权归谁的争论，一直到一劳永逸地决定谁是太平洋霸主的那一刻，争论才告一段落。

按照美日的协定，那7155名雅浦人或者是日本雅浦人，无论使用哪种称呼来称呼自己，都会和拉丁美洲的棕色人一样，过得非常不开心。殖民者们之间发生了矛盾，却将无辜的棕色人牵扯进去，在他们的领土上发生一场混战，无疑是对这个种族的侮辱和对其主权的践踏。

话题扯远了，现在我们必须回到密克罗尼西亚这个连接亚洲大陆的群岛地区。从东经140度的加罗林群岛向东就是它的领土。在1527年，西班牙人首先发现了这一群岛。不知道什么原因，西班牙人将其命名为赛格岛。直到150多年之后，为了表示对西班牙国王卡洛斯二世的忠心，才更名为加罗林群岛。西班牙政府对于这片领土态度十分冷淡，直到1875年才派遣官员来管理。前来行使管理权的官员们除了办理外国军舰停证之外，就再也无事可做了。1899年，西班牙政府决定将海外的一些殖民地卖掉，加罗林群岛就成为德国人的领地。直到第一次世界大战结束前，德国一直拥有对这个群岛的管理权。《凡尔赛条约》签订之后，加罗林群岛变成日本的托管地。

从加罗林群岛乘船一直向东航行，首先到达的是马绍尔群岛。该群岛早在

1529 年之前就被发现了，但被实际利用起来却是 1788 年的事。当年，吉尔伯特和马绍尔两名船长来到这里，而吉尔伯特群岛和马绍尔群岛也因此而得名。现在的马绍尔群岛是日本的托管地，而吉尔伯特群岛则是英国的领土。

从密克罗尼西亚向南航行，不久就能看到拉贡斯群岛或者是埃利岛。这里的群岛和吉尔伯特岛一样，都是由珊瑚礁组成。这些低环状的珊瑚岛露出海面仅仅有几英尺，要想很好地进行保护和利用简直就是一件不可能的事。因此，西方国家们就对它们失去了兴趣。当然，西方国家不感兴趣并不代表这些群岛毫无用处，这里是密克罗尼西亚桥和巨大的太平洋海脊的重要连接点，具有颇高的地理价值。太平洋海脊从南面向北延伸过来，最北面就是波利尼西亚群岛。

现在，我们到了位置更靠南一点的群岛，它的名字叫做美拉尼西亚。该群岛之所以如此命名，是因为这里的人和新几内亚人都有一些混血的印记，皮肤都是黑色的（在希腊文中，美拉是黑色的意思）。黑皮肤是新几内亚人最显著的特点。但是，我们是不是从肤色上就断定新几内亚人就属于美拉尼西亚人的分支呢？这个问题一时半会儿还真解答不了。不过，我们还是把它留给那些在华盛顿或者是布法罗参加午宴、偶尔从报纸上看到这个问题的专家们去解决吧。

从路易西亚德群岛一直向北，走不了多久就能到达所罗门群岛。这个群岛曾经云集了大量专门以捕杀白种人为生的土著强盗，当时的白种人一听到这个名字就胆战心惊，惶恐不已。如今，这座群岛上早已没有了强盗的影子，而是变成了没落贵族的收容地，一大群心灰意冷的基督徒们在此混吃等死。这座群岛是以古希伯来王国的伟大君主所罗门来命名的。他在位期间，建造了气势恢宏、富丽堂皇的耶路撒冷圣殿，并且还和阿比西尼亚建立了战略合作伙伴关系。

该群岛是由西班牙人阿尔瓦罗 · 达尼亚发现的。在官方正式承认其是群岛的发现者之后（事实上，在他之前就有很多白人登上了这片岛屿），他欣喜异常，志得意满，经过一番思考之后，就用历史上富甲四海的国王的名字将这里命名为所罗门群岛。他之所以这么做，或许是觉得这是一个美丽而又富饶的地方，希望日后可以让其成为太平洋地区最富有的群岛吧。但是现在看来，这位发现者的眼光可能出现了问题。我想，一定是这位可怜的探险家在漫长的旅程当中患上了白血病，看到了所罗门群岛之后就觉得来到了天堂，欣喜之余就将其与俄斐相提并论起来。

即使到了 19 世纪中期，白人的安全也得不到保障。1845 年，美拉尼西亚的一位新牧师来到所罗门群岛，试图在这里传播欧洲新文明，但最后却被当地人杀死了（也可能是成为了当地人的餐中之物）。1856 年，一个英国人乘船来到所罗门群岛，惨遭当地人杀害，死后尸骨无存。

在那个时期，所罗门群岛东南的斐济岛和欧洲大陆的农场主们突发奇想，希望能够抓获一些“免费劳动力”来为他们提供服务。这些先生们说话算话，打定主意之后就开始了实际行动。他们派出两艘装备完整的桅船来到所罗门群岛。那些可怜的土著人使用祖先们流传下来的石斧来反抗装备精良的强盗们的侵略，结果可想而知。最后，他们和被迫前往智利鸟粪场劳动的复活节岛居民一样，被五花大绑扔进船中，来到了陌生的澳大利亚的昆士兰和斐济。

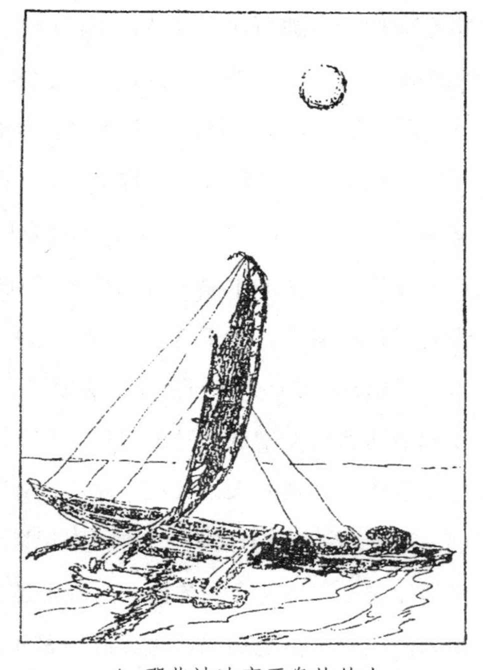

▲ 那些被迫离开岛屿的人

掠夺劳动力是一件惨无人道的事，英国政府为了颜面，不得不出面干涉这一暴行，而他们采取的干涉方式则是直接吞并所罗门群岛。在第一次世界大战期间，有几个原本属于德国的岛屿被划归在澳大利亚托管的名单里。1920 年，国际联盟承认了澳大利亚的托管权。我不得不遗憾地告诉大家这么一个事实：在对殖民地的管理上，民主国家远远比不上那些专制体制的君主国家。所罗门群岛最近的一次暴动发生于 1927 年。那次的大暴动造成当地局势的动荡不安，白人传教士纷纷被杀害。英国政府在镇压了这次叛乱之后，为了杜绝后患，决定在群岛里实行军事管制。从那个时候开始，当地的土著人就只能逆来顺受，听天由命，任由殖民当局摆布了，他们很快就相继离开了人世。为什么会出现这种情况呢？原因非常简单：对于他们而言，任意杀人是一个人生活的主要内容，也是他们的乐趣所在。当然，英国政府要禁止他们这样做，剥夺了他们的权利和乐趣，同时也扼杀了他们敢于冒险和勇于开拓的精神。如此一来，所罗门人就觉得生活没有了兴趣，从而变得萎靡不振，很快就抑郁而终。

试想一下，白种人只允许他们过一种乘独木舟钓鱼的生活，而不允许他们运用石斧打打杀杀，即便是石刀不经意间接触了他人的身体也等于犯法，那么，他们建造出最快的木船、打磨出最锋利的石器，让身体保持最好的状态，也就没有了任何意义。对于这些野蛮的土著人来说，他们宁愿轰轰烈烈地死去，也不愿意卑躬屈膝，苟活于世。这是因为，勇敢地死去至少能够得到后代的景仰，委屈地活着只能遭到儿孙的嘲讽。当地女子在选择对象的时候，都喜欢寻找无所畏惧勇于开拓的人来共度一生，而不愿意和一个忍气吞声逆来顺受的窝囊废过一辈子。作为一个文明人，你可以尽情地去谴责他们野蛮的理念和落后的风俗，但是你有没有想过现在为什么西班牙还在流行斗牛的事实？这种娱乐是野蛮的，充满血腥的，但是历届西班牙政府都不敢取缔它。如果你想到了这一点，也就不难理解所罗门人的选择了。

再比如说，大部分英国人都喜欢玩谋杀德国人的游戏，但这种游戏再流行也不可能替代打猎爱好者们的玩猎枪的活动。美国任何一个大学的校长都会斥责和抵制那些对人身伤害比较大的体育活动，但是他们却永远无法去对付一种神秘的内在冲动。这种冲动就有极强的诱惑性，它可以让一个美国的小孩转向身边的空地。因为这种冲动是体验一个人是否勇敢的重要标志之一，是检验一个人是否是真正的勇士的重要标志。

▲ 斐济群岛

当然，我并不是说踢皮球和用人头来娱乐属于一个层次上的游戏，也并不认为这两个娱乐活动是生活下去的主要支撑。但是，有一点是毋庸置疑的，如果没有了这一游戏，我们的大学就会退化成为一个某某主义的学社或者是其他组织，从而失去了应有的活力。以此类推，如果禁止所罗门人从事杀人行动，那么，必定给他们带来毁灭与痛苦。长期生活在所罗门群岛上的人都明白这一点，如果剥夺了他们的这一权利，其后果远比强迫他们穿现代衣服用欧洲纸币买东西要严重得多。

离开所罗门群岛之后，从美拉尼西亚桥向南方急转，就能到达圣诞老人岛、新赫布里底群岛及新喀里多尼亚岛。圣诞老人岛最早也是被西班牙船长阿尔瓦罗·门达尼亚发现的。现在，这片岛屿属于英国的保护领地。

新赫布里底群岛由90多个岛屿组成，最早是被葡萄牙探险家佩德罗·费南德兹·德·基罗斯发现的。这是一个颇有个性的探险家，在以后的章节中我们还会专门提到他。1606年，他登上了这片岛屿，并且坚信这里就是西方人寻找多时的东方大陆的一部分。他给这个群岛起了一个非常好听的名字，叫做“奥里特里亚里亚”。这个群岛在地图上看起来非常漂亮，但亲身踏上地面之后却会让人大失所望。

英法两国对于这个群岛的占有权产生了分歧，两国的政治家们为此争吵了很长一段时间。最后，在1825年前后，双方达成协议，决定两国共同管理。自从库克船长在1774年来到该群岛之后，其就被易名为新赫布里底群岛。不过，现在我们仍然能够在地图上看到它的老名字。因为这个名字和一个法国著名的香水非常相似，无论人们做出何种努力，都很难让其彻底消失。

洛亚尔提群岛位于新赫布里底群岛的正南方，这个小岛的发现日期比较晚，直到19世纪初期人们才知道它的存在。它和另一个更为重要的新喀里多尼亚岛都属于法国的领地。这个岛屿长约250英里、宽约28英里，在它的附近，有一块占地面积较大的由珊瑚礁堆积而成的陆地。

▲ 新几内亚人制造的独木舟

1774年，库克船长发现了新喀里多尼亚群岛，还给它起了一个英文名字。但是，英国人对这块土地并不感兴趣。不过，英国人的不重视却给檀香木商人提供了一个绝好的机会。他们在群岛上无法无天，横行霸道，残酷地奴役当地的土著人。到了1853年，该群岛被法国人占领，他们把这里变成了流放罪犯的地方。对此，我们还是不要浪费口舌了。众所周知，法国人在许多方面都存在着让其他国家和民族比较羡慕的品质，但在管理殖民地的才能方面却是乏善可陈。法国人的厨艺可谓享誉全球，即便是在远离文明世界没有多少食材的地方，他们也能够给移民们献上一顿丰盛的大餐。那些移民们在尽情享用了法国菜之后，就会忘记那些差劲的烹饪艺术烹制而成的卷心菜给自己带来的痛苦（更让人不敢相信的是，法国人做的这些菜都是罐装的，密封了很长一段时间）。而那些全副武装、英姿飒爽的英国人却没有这个福分，他们在殖民地上行使管辖权的时候，只能受尽劣质卷心菜的折磨，痛苦不堪而又无可奈何。正是因为法国人在这方面比较擅长，所以我就不忍心去批评他们在管辖殖民地时所犯的错误。这种主观的取舍或许会被以严谨而著称的罗马人认为是不负责任的言论，但我想我的读者朋友绝不会在我的头顶上扣上这么一顶大帽子。我想，喜欢一个人或者是民族的人都不愿意过多地点评它的缺点，这应该是人类的共性之一。这是在走极端，但世界上绝大多数个人和民族都喜欢这种方式。到现在为止，我只发现一个民族能够在东西方文化之中采取兼容并包的折中态度。但是，我不能告诉你们这个民族的名字，因此，还是就此打住吧。

从新赫布里底群岛离开，再次向正东方向走，就来到斐济岛。提起这个地方，人们的脑海中就会不由自主地出现一头浓密的头发的图画。现在的斐济人，依然留着一头浓发，但却失去了那种冷酷与狡黠的民族特质。那个曾经让人心惊胆战的民族已经雄风不再，他们不再是勇敢的民族，而是变成了懦弱的象征。那些可恶的传教士们一直在他们中间宣传西方文化，强迫当地的妇女和儿童穿上宽大而又丑陋的外衣。基督教中犹太人的伤心之神彻底扼杀了这个种族勇猛好战的基因。那些往日所向披靡的勇士们如今都几乎变成了行尸走肉，漫无目的而又懒洋洋地走在城市里的大街上。斐济岛上的城市是由英国人修建的，笔直宽阔却又简单之极，毫无审美趣味可言。如果没有人提醒你，你很可能把这里当成康涅狄格州布里奇波特大道。

阿贝埃·塔斯曼发现了斐济岛，他是荷兰的航海家，也是第一个围绕澳洲航行的白种人。毋庸置疑，他对自己所做的每一件事情都是一无所知，甚至长期以来都把澳大利亚的某个地区当成新几内亚的组成部分。

但是，我们并不能说塔斯曼的工作一无是处。他是一个非常出色的探险家，不仅将塔斯曼岛在地图上标了出来，还是第一个看到新西兰的欧洲人。新西兰这个名字是塔斯曼起的，其灵感则来源于荷兰的泽兰地区。

从新西兰出发，朝着东北方向一直走去，就来到一个叫汤加或者是友爱岛的岛屿。很显然，这个地方是塔斯曼从斐济地区出发去往威廉王子岛的必经海岸。很可惜，他和新西兰土著人的会面并不是一件多么愉快的事，反而酿成了一场灾难。在这次会面中，塔斯曼的几个得力助手都惨死在土著人的刀下。这次惨案给了塔斯曼一个很大的教训，从那之后，如果没有当地人的邀请，他坚决不会踏上任何一个岛屿半步。从这一点上来讲，斐济岛对塔斯曼而言，并没有多大意义，充其量不过是航海日志中一个非常模糊的草图而已。

位置最靠南的岛屿并没有进入塔斯曼的视线，而是由库克船长发现的。这里的斐济人仍然是十分排外的种族。我们可以从一个好莱坞电影里了解到这一点：施恩船长、布莱上尉想从斐济海岸向当地人索要一些淡水，最终却遭到拒绝与威胁。万般无奈之际，船长只好带着手下人溜之大吉，逃之夭夭。

▲ 在谈论太平洋诸岛时，我们经常会忽略它们从这里一直延伸到……

▲ ……这里

站在从波利尼西亚向外大批移民的角度来看，斐济起着举足轻重的作用。因为这里有 250 多个岛屿，具备足够广阔的空间，可以容纳数量庞大的移民群。实事求是地说，这些斐济人的尊容实在是让人不敢恭维，他们的头发好比是绒毛一样松软而又凌乱，鼻子扁平，鼻梁深深地塌陷下去，穿着土气，衣衫褴褛。当然，我们没有必要担心自己的后代会长成斐济人的样子。毕竟，我们的血统之中具有不少混血成分，不久之前又被注入 7 万东印度群岛人的血统。斐济人大部分都是苦力，在白人农场主的威逼利诱之下来到岛上，被他们当成会说话的牲口。尽管斐济人对此极不情愿，但却无力回天，无可奈何，敢怒不敢言。

为什么我要沿着这个话题一直说下去呢？农场主和殖民者蓄意去毁掉一个种族的故事，实际上就是欧洲人和太平洋土著人之间关系的一个缩影。现在，有一种观点认为，亡羊补牢，为时不晚，但是我并不支持这种观点。如果白种人仅仅给这些岛屿带来一些传染病和病菌的话，我们完全有法子进行补救。苏瓦（斐济的首都）著名的医生兰伯特具有妙手回春的医术，完全可以将斐济人从痛苦之中解救出来。另外，洛克菲勒先生向他提供了价值数百万美元的药品支持，他也完全可以以此来彻底消灭大大小小的病菌。但是，这个民族却没有了往日的特征，再也没有了朝气和生命力，这是谁也改变不了的现实。他们的肉体还在，但是灵魂却早已死亡了，任何一个医术高超的医生都是束手无策，无力回天。

以后，我再也看不到这些岛屿了，也不想再看到这些岛屿了。回忆往事是痛苦的，而这种痛苦也让我取消了从塔斯曼小路原地返回的念头。我乘坐的客船即将返航，一头浓发的土著人和白种人一起登上甲板，摇摇晃晃地用葡萄酒杯为我们践行。那些白种人和他们偶尔喝醉一次的太太们都喝得醉眼迷离，眼斜嘴歪，站立不稳。

第二天正好是礼拜天。这一天，性情温顺的斐济人将会穿上干净宽大的衣服去往小教堂，在那里虔诚地倾听牧师们描述的十全十美的教义。这个教义是他们前些日子处在饥寒交迫之中的状态之下不得不领教的。如果放在 100 多年之前，斐济人绝对不会如此驯服、如此虔诚。如果有一个牧师胆敢在他们面前喋喋不休地絮絮叨叨，他们就会怒气冲冲地拿起沉重的大棒击碎对方的脑袋。而现在，他们变成了上帝的顺民。总体来说，这个结果还不错，至少可以让世界多了一些和平与安定。

第五章

波利尼西亚人发现太平洋的历史

当你向一名貌美如花、笑容迷人的女士打听波利尼西亚的情况时，她十有八九会摆出一副权威地理学家的架子，言之凿凿地告诉你："那儿是怀基基海滩的岛屿，风景迷人，有很多可以让游人玩乐的独木舟。"

这个答非所问的回答不免让人感到沮丧。诚然，怀基基海滩是波利尼西亚的一部分，但却并不代表波利尼西亚。剧本和歌词的作家们只对这片海滩做一番详细的介绍，却并不会告诉你波利尼西亚在什么地方。知道它的，只有那些学识渊博的教授们了。可是，他们却都非常清贫，根本没有足够的经济实力做支撑去寻找这片岛屿。而那些腰缠万贯的游客虽然有充足的金钱，却只关心在怀基基海滩穿什么泳衣、乘什么船，怎样诱惑当地年轻貌美的女子和他们一起去冲浪。

其实，如果你有机会静静地坐在瓦胡岛南岸海滩的石头上去欣赏眼前这片海洋景色的话，就会惊奇地发现，大海的辽阔与孤独，远远超出了你往日的想象。此时此地此景，你会亲自领略到什么叫做"壮丽"，在了解了这个词的意思之后，你也会有一种透不过气来的感觉。

为什么我要用“壮丽”这个词来形容太平洋呢？这是因为它是一片浩瀚无垠的水域，是气势磅礴的水景，是令人叹为观止的自然景观。另外，早期的探险者们早在白人发现太平洋1000多年前就登上了这片土地。他们的故事和行为，除了“壮丽”之外，再也找不到其他的词语来形容。当然，“壮丽“这个词语也完全可以形容那些发明了双体船的人。他们制造的双体船，即使是放到今天的航海业中，也完全可以以其绝妙的船体、高贵的气派在世界的造船业之中占据一席之地。

波利尼西亚人来自何方？无人得知。他们没有自己的文字，更没有可信的史料，这个族群的风俗习惯和道德准则完全依靠于一代又一代人的口口相传。但是，我们并不能把这些道听途书的东西当成历史，因为随着岁月的流逝，这些亲口相传的知识已经掺进了太多的水分。现在我们能做的，只能是推测他们早期的历史，尽可能地去还原他们的探险经历。

不过，有一件事情是可以肯定的，波利尼西亚人和肤色黝黑、一头浓发的

▲ 另一端的瓦胡岛

美拉尼西亚人没有丝毫血缘关系，也和新几内亚以及澳大利亚人没有任何关系，反而与中欧地区的白种人是远亲。由此推断，我们的祖先很可能是古印度人，由于印度半岛上人口过剩，他们就不得不离开故土、外出谋生。一部分人沿着亚欧大陆向西而行，其他的人则穿过海洋去往东方。

至于我们的祖先是何时从印度半岛离开的，已经无据可考。不过可以肯定的是，他们离开的时候婆罗门教[①]还没有传入印度半岛。为什么我敢这样肯定呢？因为从波利尼西亚人的宗教中根本就看不到多少信仰婆罗门教的影子，他们的风俗礼仪之中也不掺杂任何所罗门教派的文化。

我们掌握了很多可以证明波利尼西亚人是印度人后裔的证据。早在希腊人学会了如何建造石墙、冶炼青铜兵器之前的几千年，他们就掌握了很多工艺知识。众所周知，印度人的专长之一就是凿木造船，而早期到达波利尼西亚的第一批人也大都是船匠出身。不过，由于离开了故乡，随着时间的推移，他们的造船技术也越来越生疏了，直到有一天，他们完全抛弃了在故乡赖以生存的技能。

当然，这并不是说波利尼西亚人完全与印度半岛割裂开了，他们在生活上多多少少还存在着一些古印度人的影子。否则的话，今日的我们也不可能在复活节岛上见到石头村庄这样的特殊建筑群了。

在最早一批沿着大西洋海岸来到美国定居的人，大都亲眼见到过欧洲的城市与教堂建筑。他们来到新大陆之后，一般都会按照自己的回忆去建造新的安身之所，而这些栖身的建筑之中则不可避免地要带有欧洲建筑的元素在内。欧洲的元素尽管遭受着美洲大陆上高山、平原、沼泽的限制，但依然拥有强大的生命力。因此，你总能在不经意间看到的建筑物中找到哥特式建筑和意大利建筑的影子。这些建筑尽管和萨摩亚[②]远离瓦拉纳西[③]一样远离米兰[④]或者是沙特尔[⑤]，但却很容易让人知道其风格源于何处。这里所矗立的一座座教堂并不是

①婆罗门教：古代印度宗教之一，由吠陀教演变而成。

②萨摩亚：在斐济东北部，南太平洋群岛之一。

③瓦拉纳西：印度北部邦东南部城市。

④米兰：意大利北部的城市，在公元前 4 世纪由高卢人所建。

⑤沙特尔：法国中部城市。

巴黎美术学院建筑系学生的作品，而是一个普普通通的木匠继承了祖先的技术和传统之后经过想象和加工之后的产物。

当然，上段所说的仅仅是欧洲人的例证，我们从故乡离开了不过几百年时间，手中还有着大量的书籍和图纸作指导。在这一点上，波利尼西亚人和我们根本不可同日而语。波利尼西亚人离开故乡的时间比我们离开欧洲的日期要早好几百年，当时的他们并没有学会如何绘制建筑图纸，对建筑学知识的掌握仅仅依靠大脑的记忆。

不过，我觉得有必要提醒大家，我对波利尼西亚人东迁的时间绝对有更早的判断，但却无法确定具体的时间。我也不想因为这个不确定性而让人误以为自己是个无知之辈。须知，即便是一个学识渊博的专家也无法准确地说出一个具体的时间。

目前，关于波利尼西亚人的东迁有两种说法："一种说法认为开始于公元600年前后，另一种说法则认为是在公元200年前后。"即便是采用第二种说法，波利尼西亚人也完全称得上是探险的先行者。在当时，英格兰的土地上还没有出现诺曼人的影子[①]，而哥伦布也是在400多年之后才完成了横跨大西洋的壮举。不过，具体时间是什么时候，我们却无法提供一个有说服力的答案，因为在没有找到确凿的证据之前，我们只能去猜测。在对历史做出推测的领域内，时间早一点或者是晚一点几乎没有什么区别，但最好还是保守一些，尽量将时间推后。

接下来，我们又要去面对另一个难题了，这些波利尼西亚人的祖先们是从哪条路线到达美拉尼西亚和米克罗尼亚岛桥，又是通过什么方式穿过这些桥梁，最终在东方建立了美好家园的呢？

在安土重迁难舍故土的情节上，波利尼西亚人和其他民族并无两样。他们的故乡是哈瓦伊基——早期的地理学家们称其"爪卫"，并将其与爪哇联系在一起。众所周知，在北部和西部出现人类之前，爪哇就是世界公认的最富裕、最适合人类居住的地区之一。同时，我们也知道印度人在爪哇居住下来的时间

①英格兰的土地上还没有出现诺曼人的影子：指的是1066年诺曼人入侵英格兰事件。

大致和奥古都斯成为罗马执政[①]同期。从爪哇出土的大量文物来看，在查理曼大帝时代[②]，当地的佛教文化就已十分繁荣，远比威廉在英国建立诺曼王朝[③]的时间要早得多。我们现在可能无法确定印度的第一批移民到达今日的荷属东印度海岸的具体日期。但是，从东爪哇婆罗浮屠神奇的雕刻中可以推断出，那些可以建造出佛教殿堂的工匠掌握造船艺术的事应该落后于欧洲人数百年。不过那个时候，波利尼西亚的第一批探险者早就离开了那里，而他们乘坐的航海工具则是非常简单的、如今已经退出了历史舞台的双体独木舟。在 150 多年前，库克船长来到太平洋地区探险时，这种船仍然是海洋上最重要的交通工具。

所谓的双体独木舟，就是用一根木梁将两条独木船联系在一起。在木梁上，铺着一层甲板，以此来固定船桅和草篷。草篷的主要作用就是保护妇女和儿童。由于两条独木船起到了护卫船舷外材浮装置的作用，所以水手在划船的时候完全可以去掉船舷外的装置。如果不是遇到大风大浪，双体独木船在水中就一直比较安全。当然，在狂风大作巨浪侵袭的时候，即便是安装上了舷外材浮装置也无济于事。

如果仅仅是看一下船体的图片或者是大致听别人介绍一下船体情况，我们的脑海里很难有一个清晰的概念。和希腊人在爱琴海或者是罗马人在非洲沿岸使用的那些笨拙的厢式船相比，双体独木船的安全系数要高得多。在地中海地区航行的船长们很少去往距离大陆太远的地方，但是波利尼西亚人却早已找到了从太平洋的一端走到另一端的航线，同时还能够在相距 1000 多英里的岛屿之间保持定期的交通。

波利尼西亚人完全靠自己的意识和胆识在漫无边际的大海之中航行，他们没有任何航海仪器，即便是早期简陋的罗盘，他们也是闻所未闻。尽管他们中间流传着一个用带孔的葫芦做六分仪[④]的故事，但这只不过是一位酋长为了摆脱

①奥古都斯成为罗马执政：公元前 27 年。

②查理曼大帝时代：公元前 800 年。

③诺曼王国：公元前 1066 年。

④六分仪：一种测量天体角度或者是两物间水平夹角的手持光学测角仪器，因其分度弧长约为圆周的六分之一而得名。

白人游客的纠缠而胡编乱造的一个笑话而已。至于那个由芦苇编成的原始航海地图，更是毫无用处，只有那些了解水域位置的人才能够用得上。

波利尼西亚人生下来就是水手，他们从小就生活在船上，不需要通过地图来进行航行。这和我们的祖先在中世纪的时候就能观察到星辰的位置、我们现代人瞬间就能识别公路上的标志是一个道理。

接下来，我们需要解答另外一个问题了，在长达几千英里的海上航行之中，波利尼西亚人是如何进行食物补给的呢？他们和哥伦布或者是达·伽马[①]生活的时代不同，他们的船舱里没有储存足够的猪肉、无盐面包甚至是淡水。据我推测，波利尼西亚人很可能把航行的时间定在雨季，因为这样他们就能轻松获得足够的水源，还能把淡水装在葫芦里，放在不漏水的草席上。

至于他们在航海中需要的食物则更容易推测出来。首先，作为一个生性节俭的民族，波利尼西亚的水手只需要欧洲水手 1/5 的食品就能维持生活。其次，和愚蠢的麦哲伦相比，他们都具备非常灵敏的嗅觉。我们都知道，麦哲伦从火地岛到菲律宾的旅途之中，根本就没有找到一个像样的岛屿，也无法完成食物和淡水的补给。在万般无奈之际，他们只得将船桅底部的树皮剥下来，放在海水里煮一下，让那些得了坏血病的水手们充饥。那个时候的麦哲伦是一个不折不扣的中世纪基督徒，他不相信任何航海知识，而是把所有的希望都寄托在上帝的庇护上。

作为异教徒的波利尼西亚人当然无福享受上帝的保佑，只能靠着自己的才智和毅力来和海洋之中的种种磨难作斗争。从他们掌握的航海知识上，我们可以管窥到这个民族的足智多谋。在这一点上，即便是那些和他们有着很多相似之处的北欧维京海盗也难以望其项背。和那些鲁莽的欧洲同行们相比，波利尼西亚人在航行之前和航海途中都是小心翼翼，谋后而动，从不草率行事。因此，当他们迫于人口数量过多的压力而不得不迁徙到其他地方谋生的时候，早就做好了充分的准备。准备出发的时候，他们从不单枪匹马，孤军奋战，而是集体行动。男人们带着数百名妇女儿童以及所有的家畜，分乘 10 只、15 只或 20 只

①达·伽马：葡萄牙航海家。

大型独木舟。如果家畜体积太大、性格顽劣的话，波利尼西亚人会毫不犹豫地将其抛弃，因为它们不愿意因为贪图蝇头小利而给航行增加麻烦和危险。

一旦离开陆地来到海上，这些独木舟就不用像欧洲中世纪的那些商船一样结伴航行了。已经做好充分准备的他们很少有生命之忧，也不用担心会出现什么危险。和美拉尼西亚及密克罗尼西亚人相比，波利尼西亚人都是航海中的佼佼者，可以在大海之中劈风斩浪，勇往直前地驶向远方。

但是，怎样才能寻找到新的家园呢？在漫无边际的大海之中，岛屿一点都不起眼，在此寻找可以安家的岛屿，无异于大海捞针。这时候，波利尼西亚人就发挥集体的力量和才智，他们会把船队排成一条长长的直线，每两条船之间都会尽量拉开距离，但不能脱离彼此的视线。加入一个船队由15只独木船组成，如果每条船之间的距离是1英里的话，那么，这支船队可以看到的海域就能达到15英里。无论是哪一条船发现了新岛屿，都能将信息传递给距离自己最近的船只，然后消息就会从一条船传到另一条船上，等整个船队都得知消息之后，就会改变航程，朝着新发现的岛屿驶去。

但是，这也只是历史学家们的推测，而像以彼得·巴克为代表的专家们并不赞同这一看法。他们认为，波利尼西亚人和欧洲人一样，在大海之中通过天文图来辨别方向，船队是以北斗七星作为“指航器”而不是通过一条直线来进行航行。这种说法，我觉得十分在理。

我们的欧洲祖先在航海的时候总是会选择在傍晚动身，而吃苦耐劳的波利尼西亚人却总是迎着朝阳启航。波利尼西亚人在乘着木舟寻找新天地的时候，总是欢声笑语，其乐无穷。如果换成我们，乘坐这种木船穿过长岛海峡[①]的话，恐怕就会愁眉不展，更不用说穿越五大湖[②]了。波利尼西亚人所携带的武器和工具大部分都是由石头打磨而成，从大陆带来的仅有的几件金属器具，不久之后就失散了。在波利尼西亚的各个岛屿上，我们根本找不到任何斧和石剑的替代品。由此可见，当时的人们处于一种何等恶劣的环境之下。不过，即使如此，他们

①长岛海峡：位于纽约附近。

②五大湖：美国和加拿大之间的五个淡水湖。

仍然不屈不挠，勇往直前，以常人所没有的毅力和勇气深入到外人不敢涉足的区域。他们坚信，迟早有一日，他们能够在海洋中找到一片可以安居乐业的岛屿，一定能够过上幸福的生活。

几百年间，波利尼西亚人从未中断过寻找新家园的努力和追求。最后，他们终于找到了能够满足他们生活所需的岛屿，并在那里定居下来。从那之后700多年的时间里，他们在新岛屿上过着一种自给自足、无人打扰的生活。他们靠着身上的热血和战斗激情创造了一个又一个辉煌的航海业绩，他们取得的辉煌成就远远超出了哥伦布和郝德森。

波利尼西亚人平静的生活被欧洲人打破了。就在第一艘白人船只停泊在海岸的那一天，欢天喜地迎接他乡来客的波利尼西亚人万万没有想到，从那一刻起灾难来临了。

波利尼西亚人的盛情款待非但没有让白人们感恩戴德，反而使他们胃口大开、欲壑难平。他们觉得自己才是这片土地的主人，于是，就靠着坚船利炮长期盘踞在这里，赖着不走。而那些真正的主人们要么留在当地忍气吞声、苟且偷安，要么背井离乡、逃往他处。留在原地的人，一边诅咒着这些白人强盗，一边又期待着上天早日将他们赶走。

我们还是还原事实真相吧。其实，我们所描述的波利尼西亚人的世外桃源只是作家们一厢情愿的想象罢了。他们把波利尼西亚描绘成人间天堂，是因为他们没有看到土著人在和白种人、传教士接触之前的具体生活。他们喜欢从表面的迹象中做出判断和分析，并没有注意到波利尼西亚人在定居之后已经出现了进取精神丧失、享乐之风盛行的征兆。事实上，当波利尼西亚人告别了险象环生的海上生涯，过上了安逸的生活之后，就不会再有什么刺激的冒险活动了。生活对于他们来说，已经失去了新鲜元素，从而变成了无聊的负担。

在新的家园里，没有猛兽出没，没有恶浪袭击，没有狂风肆虐，气候宜人，物产丰富，波利尼西亚人毋须花费时间和精力去建造石头房屋，只需搭建一个简单的窝棚就能遮风挡雨。另外，只要从树上摘几片树叶就能制成衣服。

与此同时，生活条件可以让所有人都感到满足。如此一来，人们积极进取

▲ 他们的导航方法和我们的祖先一样，需要依靠星星

的精神就消耗殆尽了。你能够在不费吹灰之力的情况下拥有和别人一样多的东西，自然也就没有心情再去做无谓的奋斗了。他们之前流行的吃人与猎杀活人的活动因为不适合文明的社会而被废弃，一时之间又找不到新的替代品。于是，波利尼西亚人的激情也就随之退却。尽管在现在我们仍然能够在新西兰和马克萨斯群岛[①]看到这种原始风俗，但在其他地方，鲜美的猪肉早就代替了敌人的尸骨。

在新环境定居下来的波利尼西亚人除了偶尔在海边钓鱼或者是同族人拌嘴皮子之外，就只能整日蒙头大睡无所事事了。生活对于他们来说，已经变得如同白开水一样无味之极。

白人的闯进给这些意志消沉精神萎靡不振的人们带来了新的刺激。但是，白人并不是空着两只手就踏上了他们的家园，他们“慷慨”地赠给波利尼西亚人两种东西，酒精和疾病。波利尼西亚人原本就因为慵懒而让身体变得虚弱，喝了白人的酒之后就不可避免地发胖。如此一来，他们的免疫能力就大大降低，疾病随之出现在他们身上。我们今日常见的麻疹和流行性感冒等普通的疾病，在当时却成为导致成千上万人丧生的罪魁祸首。

除此之外，性病也夺走了一批波利尼西亚人的生命。得性病的大部分都是岛上容貌秀美的女人，她们对白种人的皮肤有着一种说不出的情愫，认为这是古代神明才拥有的皮肤，于是就主动对那些异乡人投怀送抱。那些白种人自然求之不得，两者一拍即合，夜夜笙歌。时间久了，沉浸在温柔乡中的白种人也逐渐忘记了他们生活在伦敦贫民区中的妻子儿女。

①马克萨斯群岛：又称门德拉群岛，位于南太平洋塔希提岛的东北方向。

▲ 最先到来的是树，随后人类来到

不过，白种人虽然喜欢土著女人的姿色，但心里却瞧不起她们的放浪，也不愿意担负起抚养私生子的责任。等到白种人离开之后，这片土地上就出现了很多私生子。这些具备父亲的放浪和母亲的美貌的私生子们根本就不被那些留下来的白种人所承认。但是，他们却觉得比上不足比下有余，至少要比皮肤黝黑的土著人高贵一些。于是，这些私生子们的身份就变得非常尴尬，在白人社会和土著人之间游离不定。

在相同的情况之下，经常会有一些岛屿提前进入衰败状态。在社会群岛之中，最美丽的岛屿可能是中心塔希提岛。这个岛屿的衰败与法国官僚的慵懒不无关系。无论是哪个欧洲国家在发起争夺太平洋控制权的战争，该岛都是在劫难逃，成为炮灰。和中心塔希提岛恰恰相反，原本寂静的汤加岛和附近的萨默斯群岛却交上了好运，变得越来越繁荣。

在 11 世纪和 12 世纪的时候，这些岛屿很可能就是波利尼西亚人在进行大规模迁徙时的集聚地之一。游客们在踏上这片土地的时候，能够看到保存完整的波利尼西亚文明的遗迹。

这片岛屿上的男女老少都有一种独立的意识。航海技术已经被夏威夷群岛和塔希提岛的居民们遗忘多年，但他们却依然能够熟练掌握。在制造木船的时候，他们经常会去斐济岛寻找合适的木材。尽管斐济人以凶狠残暴而著称，但是对于训练有素的萨摩亚人却心怀畏惧，故而，当萨摩亚人前来伐木的时候，斐济人总是听之任之，不敢拒绝。因此，当其他岛屿上的土著人都逐渐消失的时候，萨摩亚人却顽强地生存下来，并且还保持着原来的创新意识和独立意识。不过，他们以后的命运如何，怕是没人知道了。如今，超级大国英国准备从该地区撤出，对外扩张的日本人即将到来，不知道他们能不能抵抗得了日本人的进攻。

太平洋上的法属岛屿已经完全没有了复原的可能性。近 20 年来，那些在澳大利亚和新西兰人管理之下的岛屿，也是每况愈下，越来越糟。因为共和政体允许地方政治介入殖民地管理，如果出现这种情况的话，那么土著人就要面临一场新的灾难了。因为他们手中没有选票，也没有利益代言人。

这只是现实的一部分。欧洲人带来的贪婪与阴险充当了岛屿瓜分者的角色。白人的宗教就像他们的大炮和便宜的杜松子酒一样，对于土著人来说，无异于是一场灾难。

我不愿意在这件事情上浪费太多的口舌和时间，因为我害怕这种说法会引起美国基督徒的抗议。

基督教的传教士们给这些无欲无求的异教徒们带来的福音根本就不符合他们精神与物质的需要。另外，强大的外来宗教将土著人的神明赶走之后却并没有给他们带来新的信仰。我遇见过一个 70 多岁的天主教神父，他年轻的时候在一座偏离主航线的凄凉小岛上向当地的人民传教并主持教务，年老之后才返回老家，接受政府的照顾。这位虔诚而又慈祥的教父在意识到自己即将走完人生道路的时候，苦苦地思索这样一个问题，“我做的这一切究竟是为了什么？有没有意义？所有的热情和努力究竟能不能弥补漫长孤独的人生岁月？传教布道的生活是不是既浪费自己的生命又在浪费别人的时间？”

如果他生活在故乡，照顾父亲亲手栽种的橄榄树，或许比在普罗旺斯[①]向邻居传播教义的生活有意义得多。但是他却不愿意承认这一点，因为这样的话，就违背了一个天主教父的职业准则。一个真正的天主教徒怎么可能选择这种生活方式呢?

人们经常会听到这样的观点，为了帮助一个即将遭到毁灭的灵魂渡过难关，作为一个神父哪怕在孤独凄凉中度过 30 多年时间也是值得的。尽管这 30 多年中他要面对困惑、痛苦和诘难，但是仁慈的上帝一定能够给他足够的补偿。

没过多长时间，我就能够将这种答案倒背如流，同时也像了解我的晚辈一样去理解这句话的含义。但是我依然感到迷惑不解，这些虔诚的教徒们所付出

①普罗旺斯：古代法国的一个省，现代法国东南部的一个地区。

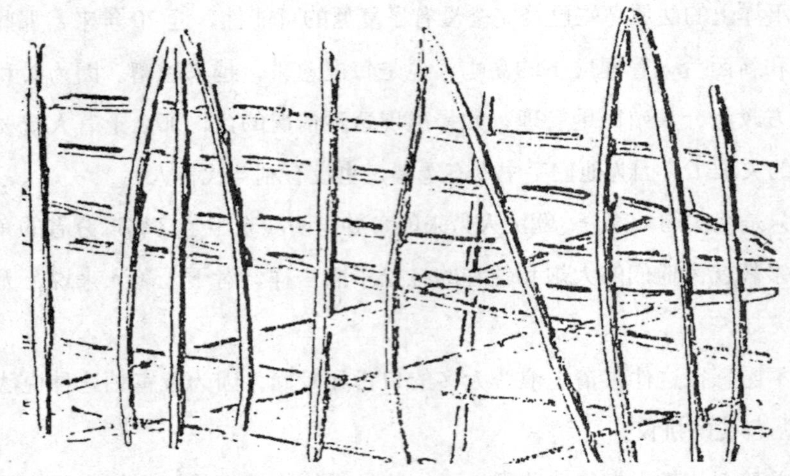

▲ 波利尼西亚人最早的地图是由秸秆或茅草编成的

的热情、所做出的努力，最终是否换回了相对应的回报？今天，我依然找不到一个满意的答案。我在这个远离故土的地方只能逗留几个星期的时间，根本无法理解那些在此生活了几十年的人的经历。好在，有一些人愿意和我一道去思索、去讨论这个话题。讨论这些话题的人都富有理智，没有任何偏见和主观色彩，都在力求还原事实的真相。

很显然，我所说的其他人并不是那些利欲熏心只想大发横财的人。他们对教堂毫无好感，听到这个词的时候，这些没教养的假货就怒气冲冲，眼斜嘴歪。喝上几杯烈酒之后，他们就会以一种鄙夷的口气，压低嗓门（可能是怕教会的人听到），神秘兮兮地对你说："亲爱的朋友，如果这个岛屿上没有那些系领带的坏蛋们捣乱，将是一个美好的人间天堂。让我给你讲个故事吧，你看过《鱼》吗？写这本书的家伙叫什么来着……"然后，他就会讲述这本书的故事主题，那是一个和某一个牟取暴利的隐秘交易有关的故事，如果没有正直的宗教人士干预的话，他们肯定就能得手了。

我们当然看过《鱼》，并且和毛姆先生一样认为，书中所描写的可怜的傻子只是个例外。如果一个人想从这本书中寻找攻击传教士的理由无疑是徒劳的，这就好比是让那些热心的人向你通报希特勒的业余生活一样荒唐可笑，我们没有必要浪费时间去倾听别人所说的丑闻，这些肮脏的事情只有增加人们对希特勒的憎恨，传教士的情况也和这大致差不多。

无论你在什么时间、什么地点、决定做什么事情，都没有必要花费时间去倾听别人的抱怨。那些满腹牢骚都是从商人的居住区发出来的声音。不过，你完全可以静下心来去了解其他一些人的看法。他们并没有任何私人的目的，对土著人的情况了如指掌，又对土著人的遭遇充满无限的同情。他们虽然对传教士的传教活动不抱好感，却非常尊重传教士身上的良好品质。如果你能够和他们交换一下意见的话，就能够了解为什么这个偏远地区的人们对聪明的欧洲人深恶痛绝。当然，我可以直接把答案告诉你，但你最好亲自去探听、去询问。

说起传教士，我们不得不提起另外一个问题，在白人踏上这片土地之前，波利尼西亚人的宗教信仰是什么？是原始宗教。而这个原始宗教则是他们从遥远的故乡——印度带回来的。他们信仰的那个无所不能的神，就好比是希腊的宙斯或者是朱庇特，这个至高无上的神是金口玉言，他所说的每一句话都是人类必须遵守的律法。后来，波利尼西亚人逐渐忘记了原始宗教中的神是什么样子，开始信仰起“大自然”来。和希腊人把自己的河流、山川、湖泊看成神的化身一样，波利尼西亚人也把自然的力量看成是神仙的意志。人们确信自己的每一项活动都要受到神仙的制约，因此，就对这些无所不能的神崇拜得五体投地。

就希腊人而言，我们知道他们的神话故事已经大大超过了其他民族，开始将音乐、表演或者是历史看作是不同神灵管辖的范围，用今天的话来讲，就是由专门的官员来进行管理。当然，充满科学意识的现代人可能会把这些管理看得非常复杂。但是，对于那些长期生活在僧侣制度下的天主教徒们而言，这种管理方式却是简单有效的。

我认为，波利尼西亚人意识中的次要之神其实和天主教中的西班牙、意大利的教徒扮演着同样的角色，也和希腊罗马中的次要之神所扮演的角色相似。其实，这些次要的神，都是我们常说的巫师，是沟通神灵与凡人的桥梁。他们的工作就是站在神坛的阶梯上向上苍禀告凡人的愿望和向凡人传递神仙的旨意。

一个局外人很难去理解他人的情感生活，更难以融入到其中去。但波利尼西亚人却将这种安排视为理所当然的事，在他们看来，这就好比是那些想对华盛顿的经济政策施加影响的企业家们所采取的方法一样。如果他们能够取得有

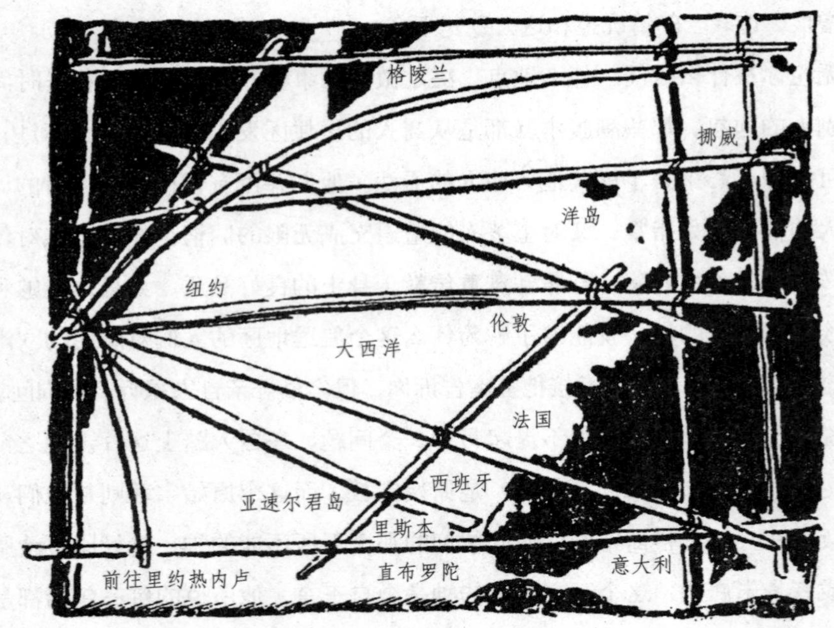

▲ 看地图的方法是这样的

影响力的社会团体的支持，最终一定能够引起议员或者是某个政府官员的注意。那么，议员和官员们就会将他的意见转达给国务卿、财务部长、司法部长等相关人员，如果他们觉得某件事情非同寻常的话，甚至还会想方设法引起总统的关注。

对于从小就在加尔文教派氛围中成长起来的我而言，这是一个非常富有吸引力的问题。长期以来，我总是绞尽脑汁劳神苦思去思考上帝和凡人之间的关系。即使是到了今天，我自己的思维方式也并没有得到多大改变。不过，在泽兰省[①]瓦尔里伦岛度假期间，我的确学到了不少东西。

在泽兰省休假期前，我经常会在退潮的时候在海滩上捡到一些用来还愿的小塑像，这些小塑像都是古罗马人在平安度过波涛汹涌的北海之行后向当地神灵献祭的东西。北海之行险象环生、九死一生，他们一个个都被吓破了胆。这些罗马人不知道是怎么想的，竟然把北海飓风和北海之神联系在一起。他们的船只在船上遭到狂风暴雨袭击的时候，就向北海之神求助，并许愿说：“如果

①泽兰省：位于北海岸边，是荷兰西南部的一个省。

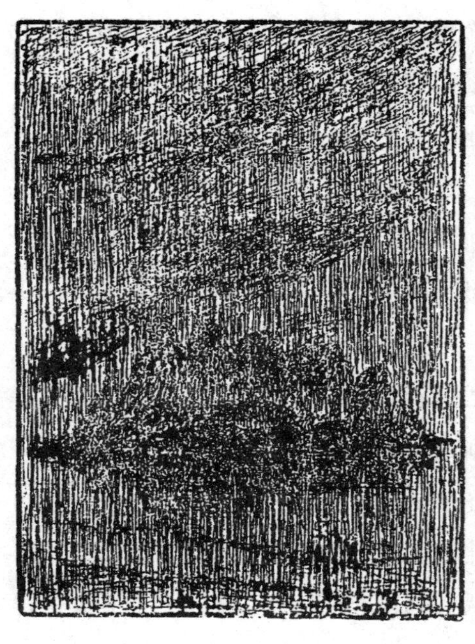

▲ 滂沱的大雨

慈祥的神能够让他们化险为夷，等上岸之后一定会为其塑造一座雕像，并且保证朝夕供奉。”等这些人平安登陆之后，所做的第一件事就是从商店里购买一尊雕像，然后敲锣打鼓送到庙里，同时还给庙里的僧侣们送上一笔不菲的资金。

当然，他们在上岸之后也完全可以把在海上许的愿抛在脑后，尽情地花天酒地，声色犬马。不过，他们并不敢这么做，因为迟早有一天他们还要乘船去往北海，到了那个时候，愤怒的北海之神说不定会新冤旧恨一起算，大发淫威，让他们船毁人亡，丧身鱼腹。

因为全部的交易都属于个人行为，所以寺庙里的雕像就变得特别多。

记不清楚是什么时候了，我在意大利的一座小村庄里曾经亲眼目睹过一个离奇事件。

当地刚刚发生了一场旱灾，土地龟裂、庄稼枯萎、牲畜奄奄一息。要想摆脱旱灾，他们能做的只有去向上帝祈祷下一场大雨。想要让上帝降雨，就必须要让上帝明白这个小村庄的悲惨遭遇。

众所周知，人们要想取悦圣徒，只有举行合乎仪式的列队游行这一个办法。在一般情况下，游行都是在正午举行。当时正是一天之中气温最高的时候，待时钟敲响 12 下之后，整个村庄的男女老少都会一脸肃穆地伫立着，等待圣像的到来，然后结成队伍去游行。等木制的圣像来到人群之后，我发现圣像的嘴里竟然被塞满了盐。我想，人们之所以这样做，无非是想让圣像亲自体验一下干渴的滋味。只有嘴巴里含满了盐，在毒辣的太阳之下行走上 4 个多小时，他才能够体会到干旱带来的痛苦，才能体会到井干河枯之后难以为生的艰难。

长期生活在波利尼西亚地区的欧洲人告诉我，他们在一些偏远的岛屿上曾经见到过类似的事件，就连仪式的每一个细节几乎都是相同的。他们很可能是既要信仰基督教的上帝，又不敢得罪本民族的神灵，才想出这么一个法子。

总之，波利尼西亚人认为罗马教义比日内瓦[①]和海德尔堡[②]的教义更容易接受一些。因为罗马的教义相对比较宽松，允许他们将主要的神和半神半人换成天主教信仰的圣徒。他们对这个制度能够理解，接受起来也没有什么难度。因为从几千年前开始，他们就生活在一个秩序井然、等级森严的社会环境中，从一出生就知道自己在这个社会里的地位、应当承担的责任。不过，当他们和马丁路德以及约翰加尔文的教义接触的时候，就会觉得难以接受。

波利尼西亚人和模样模糊的众神之神之间的关系是一种十分现实的关系。这个族群的最高之神十分识趣，如果他不能满足凡人的要求，就无法得到他们的尊重和信仰，很快就会被更出色、做出许诺更多的对手所取代。沙漠之神摩西是一个不折不扣的暴君，他不允许别人和自己讨价还价，更不允许有人违背他的旨意，比其他的神仙要难对付得多。后者都有菩萨心肠，安详地坐在烟雾缭绕的木制小教堂中，从来不惹是生非，干扰普通人的日常生活。

我这样说可能是以己度人，因为没有经历过这方面的事，所以对一切的定论都只能是猜测。不过，我这个观点还是可以站得住脚的，至少得到除传教士之外大多数人的支持和认可。

有很多宗教的杂志上都记载着异教徒心悦诚服皈依上帝的故事。不过，怀疑论者却对他们提出了质疑。诚然，白纸黑字下的故事可歌可泣，但真实情况究竟是什么样子的谁也说不清楚。怀疑论者们会经常告诉我一些波利尼西亚基督新教徒的荒唐故事和奇谈怪论，以此来攻击宗教杂志上的美丽学说。

有一个妇孺皆知的传说故事。如果我没有记错的话，应该是一个心地善良的传教士在阿莫土的群岛上孜孜不倦地向当地人灌输着基督教的婚姻观念：结为夫妇的男女应该对对方忠贞不渝，不能和其他异性发生性行为。一对夫妻如果想要长相厮守，白头偕老，就必须要去教堂里举行婚礼，让上帝的仆人为他

①日内瓦教义：指的是约翰·加尔文派。

②海德尔堡教义：指的是马丁路德教派。

们确定神圣的婚姻关系。

从那之后，这些新婚夫妇每年都会到教堂里去进行一次婚礼。不过，每一次婚礼都会出现不同的男女组合。从这件事中我们不难看出，这些异教徒们尽管接受了圣徒的规劝，愿意在教堂之内举行基督教仪式的婚礼，但他们却无法理解和接受“彼此忠诚”的基督教义，依然按照原有的生活习惯频频更换性伴侣。

凡是到过太平洋的人，都应该听到过类似的故事。我之所以要重复一遍，是因为这个故事非常具有典型性。这个故事有力地证明了一个道理，一个没有和本民族的历史文化风俗习惯有机结合的外来宗教，根本无法真正走近当地人的内心。即便是对方出于礼貌或者是为了寻求刺激接受了它，那么，最终将会成为不伦不类的四不像。

在一般情况下，人们一提起“传教”这个词，就会引起条件反射性的反感。这是新教在传播过程当中经常遇到的一个问题。如果对欧洲人解释传教是什么意思的话，他们接受的还能顺利一些。但如果对美国人说这些话，恐怕就要碰钉子了。因为在欧洲人的意识之中，已经认同了社会是由不同阶级、不同层次的人共同构成的，而始终信仰“天赋人权、生而平等”的美国人却十分反对等级观念和阶级意识，无论是谁在他们面前宣传这些东西，都会遭到一通抢白。当然，并不是所有的美国人都是如此。比如，亚拉巴马州和北卡罗的人多多少少还是赞同等级制度的。如果对方是波士顿人，他很可能会怀疑你是爱尔兰人。如果是普来西德湖城人，他很可能会被要求与犹太人划清界限。

按照欧洲人的思维方式，传教应该是中产阶级应该做的事。这其实一点都不奇怪，因为在1940年，无论是上层社会还是底层群众，都对教会不感兴趣。经济独立，生活条件富裕，人身安全可以得到保障的上层人士并不希望传教士能够为他们做点儿什么，而饥寒交迫的下层人士则认为自己已经一无所有了，根本就不用担心还会失去什么，所以，对传教的事情也没有一点兴趣。

假如他的家庭世代信奉天主教的话，情况就不一样了。他们对未来充满了深深的忧虑，即便是他们衣食无忧，也会因为害怕有朝一日会失去这种富足的生活、陷入万劫不复的地狱，任由一个手持铁棍的人任意摆布而食不甘味。

新教徒们用一种非常轻松的方式就能够帮助中产阶级摆脱苦恼和忧虑，因

▲风暴来袭

此，就吸引了越来越多的人加入他们的队伍，许多高素质的中产阶级还会主动担任新教传播者。他们无怨无悔，心甘情愿，满腔热情，大公无私，希望能够用新教来帮助人们摆脱不幸。他们偏执地恪守着传统的教义，却从来不考虑这些教义是否跟得上时代的步伐，能不能给自己的生活增添快乐。

我实在是搞不明白，一个人为什么那么执拗地去信仰一个不能让自己变得更快乐的宗教。当然，你们可以说我的看法是无关紧要的，但你不能不尊重那些观察家们的意见，他们对任何事情都没有偏见，以一种非常理智的态度去面对太平洋诸岛上出现的问题。几乎所有的观察家都认为，基督教福音派并不能给当地的人们带来幸福。他们指出，波利尼西亚人在经过几百年的安逸生活之后，无论是生存技能还是个人意志都已经退化了。同时，他们还指责传教士们在向本国教会和政府做年度报告的时候犯下了自以为是的错误，抨击这些狂热的宗教分子为了传播所谓的信仰，而忽视了对当地人民生活条件的关注。观察家们一致认为，如果传教士能够在当地人民的医疗保障、农作物种植方法、经济发展模式等一些现实性的问题上多花费一些时间的话，太平洋诸岛绝不至于像今日这般落后。

当然，有些人可能以夏威夷岛为例来进行反驳，指责我说这番话是典型的不负责任，是对朋友的背叛（我的第一个美国朋友就是檀香山传教团的团员）。但我必须指出，夏威夷只是一个特例而已。

在19世纪20年代从家乡离开途经合恩角来到夏威夷群岛的那些新英格兰公里会的传教士们并不仅仅是狂热的宗教徒。他们在故乡的时候都受到过高等教育，和美国的爱默生[1]、梭罗[2]、哈佛大学的教授、主张废除奴隶制的政治家们拥有同一层次的修养，都是志趣高雅、心地善良、富有品位的人。夏威夷的原住民在和他们接触的时候，能够体会到他们身上优雅的风度、文明的谈吐、高尚的情操，也认识到自己身上的愚昧、落后与无知。传教士和原住民们的关系比较融洽，前者做了很多有意义的事情，将美国的先进文化同当地的风俗有效地结合在一起。最后，既促进了当地的经济与文明发展，又没有破坏当地的传统文化。

非常幸运，我认识了几位幸存于世的美国传教团成员。在这里，我要特别讲述一个女性传教士。她早期在美国卡梅亚梅亚堡皇家法庭工作过一段时间。她告诉我，波利尼西亚人多疑而又自以为是，现代传教团很难通过正常的方式来感化他们。因为传教团的男性成员中大部分来自美国的中产阶层，对生活的理解很不诚实，他们只喜欢站在国家角度上去分析一件事情的利弊，却很少考虑他们的行为是否会侵犯土著人的利益。另外，新教会所崇拜的神来源于古代沙漠地区，教会的教义也只适合备受饥渴困扰的游牧民族，而不适合那些衣食无忧的岛上居民。基督教等级森严、礼仪繁琐、条条框框太多，而太平洋诸岛上的人却大多自由散漫，不受约束，他们对本民族的神只有尊重心而没有敬畏感。这两种文化格格不入，碰撞在一起难免会产生矛盾。

首先，传教士们在向新教民们详细解释完《旧约全书》里一系列的规定和附则之后，还要花费大量的时间去讲述犹太人眼中严厉的上帝是如何向耶稣口中仁慈的上帝进行转变的。这个转变过程非常复杂，就连长期生活在基督教文化氛围下的白种人在刚刚接触的时候都会感到困惑，更遑论耶和华、摩西、耶稣为何物的土著了。

其次，为了向新教徒们讲述《新约全书》里的内容，传教士们必须下大力气去让那些迷惑不已的新教徒们明白圣父、圣子和圣灵之间的关系。这三个人之间既可以说是一个混合体，还可以说是三个独立的个体，一时半会儿很难讲清楚。

最后，传教士们一方面要严厉谴责残忍的杀害异教徒的行为，另一方面还

---

①爱默生：美国著名散文家、诗人，有“美国的孔子”之称。

②梭罗：美国作家。

要让信教民们知道自己所吃的圣餐里面都有耶稣的血肉，同时还要让他们知道这种行为是非常神圣的。

我知道，每一个新教徒在皈依耶稣的时候都必须象征性地吃一顿圣餐。但是，在波利尼西亚地区吃圣餐的人未必就是基督教的新教徒。这个告别饮血茹毛没多长时间的民族究竟是否理解基督教的精神和教义？抛弃了本民族的信仰和风俗习惯之后究竟能否得到应有的利益？这个问题，仁者见仁，智者见智，我还是不要发表任何意见了吧。与此同时，我还有一个问题百思不得其解，从欧洲传来的基督教对当地居民的社会生活以及道德文明建设究竟产生了哪些方面的影响呢？

这个问题绝非一两句话就能解释清楚的。众所周知，中产阶级永远是社会道德的中坚力量。这个阶层由小农场主、学校教师、小商人组成，他们衣食无忧，也有着大把的时间去思考人生、哲学、伦理之类高雅的话题。那些大富豪们大多忙着做生意，底层贫民则长期为食不果腹而苦恼。这两个阶层的人无暇去考虑上述问题，只能心甘情愿地跟随在中产阶级的身后，以他们的行为准则为榜样。

传教士们大多来自中产阶层，他们严格遵守着基督教的道德要求，在传教的过程当中自然也会告诉波利尼西亚人按照他们的道德标准去做人、行事。这些道德要求固然能够提升人的精神境界，但却给波利尼西亚人的思维带来混乱。以前，他们理直气壮地杀人吃人，但是现在，传教士们却说这是罪行。传教士喋喋不休的“教导”，让当地人感觉到自己是一个罪恶累累的十恶之徒，同时也对原本引以为豪的身体产生了耻辱感。

对于波利尼西亚人而言，情欲和激情就好比是鸟儿在野地里欢快地唱歌一样十分自然。但是，传教士却告诉他们，这些东西都是魔鬼支配心灵下的产物。当然，波利尼西亚人同样不了解魔鬼为何物。如果不是那些侵入自己家园、用铁锤砸碎本民族的神灵的白人传教士，恐怕他们永远无法认识到世界上竟然还有这么一个物种的存在。

当然，我们可以把传教士们在太平洋诸岛上的恶行看作是偶然发生的事件，认为这些小事和伟大的传教事业相比不值一提。但是，我们是不是设身处地地为对方想一下呢？假如一个毛利人来到纽约，大摇大摆地走在第五大街上，强迫当地的政府官员和绅士们陪着他们来到帕特里克大教堂，粗暴地举起铁锤，砸烂所有的神像，将教堂夷为平地，那么，作为基督教的信徒，我们是不是也觉得这是一件不足挂齿的小事呢？

当然，白种人犯下的错误并不仅仅只有这些，我们完全可以用罄竹难书来形容。但是，为了节省篇幅，我还是就此打住。我想提醒大家的是，如果和一个观点同自己相同相似的人进行交流，只需一个眼神就能让对方心领神会，使双方达成一致；而对于那些与自己意见相左的人，即便是我们滔滔不绝，口若悬河，讲述一大堆道理，到最后恐怕也都是瞎子点灯白费蜡。

我只想告诉大家一个事实，在太平洋的任何一个岛屿，人们都能轻而易举地找到白种人的罪证。在白人制造的罪恶之中，当首推传教士们所宣扬的行为规范和道德意识。在传教士看来，这些东西是文明人的必备之物，是上帝之子理应遵循的规章制度。但在岛民们看来，这些东西却摧残了他们原有的理念，打破了他们安静的生活。一旦他们全盘接受了这些规范，他们就变成了行尸走肉，生活也就没有了意义。

在白种人没有到来之前，波利尼西亚人是世界上最幸福、最快乐的一群人。他们不关心物质财富和社会地位，只在乎自己的生活体验。他们能够从观看花开花落的行为之中体验到生活的快乐，经常会为了一些小事而笑得合不拢嘴。他们之中的大多数人都是可以雕刻出美轮美奂的木石艺术品的能工巧匠，也是可以设计出坚固房屋、御风大船、美丽图案的设计师。这些人活得自由自在，无拘无束。突然有一天，一批远道而来的上帝信徒们跑来说，他们把时间浪费在这些事情上是毫无意义的，他们制造出的东西也毫无价值可言。淳朴的波利尼西亚人听信了他们的话，结果，他们的创造能力和艺术天赋就被彻底扼杀了，逐渐地沦落为和白种人一样的低水平。白种人在当地留下很多欧式建筑，这些建筑并不能证明他们有多么高级，反而成为欧洲建筑文明衰退的有力佐证。

幸运的是，一些殖民政府认识到了白人传教士的威胁。他们敏锐地观察到，如果任由传教士们去剥夺土著人的审美能力和生活乐趣的话，也就等于剥夺了他们的生存欲望。久而久之，当地的人口数量势必会大幅度下降，随之而来的就是殖民地的利用价值大打折扣。因此，殖民政府的官员们就要求传教士们不要过分地去干扰土著人的生活，减少传教的力度，以此来弱化土著人对于欧洲人的憎恨之情。

当然，传教士们的所作所为并非一无是处，他们带去的医学常识、科技手段还是得到了当时和后来人的一致肯定。哪怕是强烈反对他们的人，也不能否认他们做出的贡献。另外，传教士们通过言传身教的确促进了当地文明的进步。有一些虔诚的传教士不仅告诉土著人需要做一个合格的上帝子民，还要成为一个备受邻居欢迎的好朋友，使太平洋诸岛减少了几分血腥，增添了些许祥和。故而，我们在声讨一些传教士践踏当地文明的同时，还要向那些高尚的人们致以崇高的敬意。

谈论这些话题绝不是什么好事，很有可能会引起白人朋友们的反感。但我可以告诉大家，这都是那些和我交谈过的有良知的人的意见。他们忧心忡忡地告诉我，“如果我不把这些话说出来的话，灵魂将永远得不到安宁。但是，如果四处宣扬的话，很可能会丢掉饭碗。那些财大气粗，一手遮天的传教士们绝对不会放过我们。如果他们知道我们反对传教活动的话，一定会动用手中的权力去断掉我们的生路。”他们还告诉我，“通过和土著人的接触，我们之间已经产生了非常深的感情。假如你对土著人的遭遇感到同情的话，就一定要秉笔直言，为当地人说几句公道话。”

现在，我终于把他们的每一个要求都说出来了，向读者朋友们展示了太平洋的悲剧。在太平洋群岛旅游的时候，很多游客都会欣赏到“土著舞蹈”、“土著节日”、“土著人的独木船”等景观，但我想告诉大家的是，这些并不是原汁原味的东西，只是当地旅游部门为了招揽游客增加收入而精心编造的谎言罢了。

越是精心安排的冒牌宴会和景观，越会让前来游玩的游客感到失望。在20多年以前，我们曾经在巴黎的酒吧里亲眼看到一个沙俄帝国的将军扮演成哥萨克人跳波尔卡舞的节目，也大多会发出“人生无常”的感慨。知道了这一点，你也就不难理解一个原本身份高贵的萨摩亚酋长挥舞着德国制造的利剑大跳死亡之舞的悲凉了。须知，他极有可能是苏格兰作家罗伯特·路易斯·斯蒂文森①

①路易斯·斯蒂文森：英国散文家和小说家。

的好朋友，也绝非心甘情愿在游客面前丢人现眼，只是因为无力反抗白人的统治才不得不粉墨登场。如果你能亲眼看到这个场景的话，想必也会嘘唏一番。

就我自己而言，是极不愿意去观赏这种以死亡为主体的娱乐活动的，因为我最喜欢看的是原汁原味的土著表演。只可惜，这个愿望怕是永远也无法实现了。另外，我在观看这些舞蹈的时候，总会不知不觉地把自己当成本地人，想象着自己穿着木鞋和灯笼裤去跳马肯岛的土著舞蹈，旁边站着一群来自摩亚岛的女游客对我指指点点。

我觉得，世界上最悲哀的事情莫过于在一片废墟上去想象它昔日的辉煌。人们来到希腊卫城的废墟上发思古之幽情，遥想当年希腊王国的盛大气象，但却再也见不到2300年前的希腊国民了。如果我来到这片废墟之上，脑子里肯定会出现这样一副画面：在公元前3世纪一个明月高悬的晚上，几个穿着脏兮兮的束腰长袍的哲学家们正在兴致勃勃地讨论着宇宙起源的话题，突然之间闯进来几个罗马人，在他们面前扔下几个铜币——这将会给那些哲学家们带来多么大的屈辱？现在，我在太平洋群岛上随时都能够看到一些波利尼西亚土著人又回到了人间，高声唱着征服者之歌和爱情之歌。这种现象绝不能引起我的愉悦感，反而会让我对拿腔作调的惺惺作态的表演感到厌恶。

▲ 开化之前土著人的生活方式

假如波利尼西亚人是温和的小爪哇岛人，假如他们这1000多年以来安分守己地呆在自己的家园里，我也不会有这么多的感慨可言了。但是，当你乘坐着现代最豪华的汽轮，在茫茫的太平洋之中航行

了几天几夜却只发现几片零零星星的小块土地的时候，就会想起那些乘着独木船在大海之中航行数月之久寻找新家园的早期波利尼西亚人。在几千年以前，他们是何等英勇的一族，如今却沦落到这步田地。想到这些，怎能不为白种人犯下的滔天大罪而感到愧疚呢？

▲ 之后，他们搬到了进步的街道上居住

波利尼西亚人的遭遇是一个让人十分伤感的故事。到现在为止，西方史学界也没有研究出他们在这一地区扮演什么角色，而我们美国人也从来不关心这些问题。他们生活的地方和美国本土近在咫尺，但我们对他们曾经创造出的灿烂文明却一无所知。我们的学生在上历史课的时候，都能对英雄麦哲伦、慈善家库克船长、探险家塔斯曼以及法国航海家布甘维勒的故事倒背如流。但是，却没有一个人知道波利尼西亚人依靠简陋的航海工具所建立的丰功伟绩，更是对土布艾群岛到复活节岛这一伟大的航海历程闻所未闻，对那些让欧洲人难以望其项背的航海技能更是一无所知。别说是普通人了，就连那些大名鼎鼎的作家和史学家们对波利尼西亚人也是十分吝啬，连用一页纸来叙述这个航海史上的壮举的兴趣都没有。

波利尼西亚人是太平洋的真正发现者，我们却都忽视了他们，这真是一个不可饶恕的罪过。

第六章

白人来到了太平洋

现在，终于轮到白种人发现太平洋了。

我在儿时读过的一些书本中经常看到“1513 年，巴尔沃亚发现了太平洋”的句子，就理所当然地将巴尔沃亚看成是太平洋的发现者。

相对于印有精美图画和麦哲伦、皮萨罗、科特赛特等大名鼎鼎的航海家头像的航海书籍，我还是比较喜欢阅读一些名气不大的发现者和航海家传记。尽管这些名不见经传的人物并没有取得什么举世瞩目的成绩，但和那些“青史流芳”却十恶不赦、冷酷无情、惨无人道的探险家们相比，都有着高尚的情操和浓浓的人情味。

只可惜，我们的历史太过功利化，喜欢以成败论英雄，根本就不去关注那些失败者的命运，更吝啬于赞美那些遭到命运捉弄的倒霉鬼。巴尔沃亚之所以不被后人所熟知，归根结底还在于他是一个失败者。诚然，他是最早发现太平洋的白种人，也曾经担任过南太平洋韩军上将的职务，但最后却被奸臣所害，身首异处，身败名裂。不过，我们并不能因为其下场悲惨而全部否定他。这个才华出众的人原是厄斯特列马都拉省[1]的一个没落贵族，后来却成为和16世纪那些征服了秘鲁的大名鼎鼎的西班牙人一样。他当年发现的新土地，如今以盛产精美的邮票而闻名。这些国家贫穷落后，缺少现代工业，只能靠印刷精美的邮票来促进国民经济增长。

在16世纪上半叶，西班牙贵族的名字里都包含着别号、姓氏、祖先的名称等，显得繁琐而又夸张。这些十分讲究名字的人却并不在乎自身的形象，穿的鞋子经常会露出脚趾，甚至连鞋子也懒得穿。

贵族们一个个都妄自尊大，自以为是，并且还死要面子。白天，他们大摇大摆地在街上漫步，趾高气扬地与人聊天。等到夜幕降临的时候，却迅速爬到阴暗的楼顶上，不知羞耻地去捡别人扔掉的面包屑充饥。他们浑浑噩噩，安于现状，不思进取，却还时时刻刻不忘异想天开，一厢情愿地认为迟早有一日会时来运转，可以在大批随从和私人牧师的簇拥下，左手香草右手美人，带着花不完的金钱回到祖先辉煌的城堡中去。只可惜，这种状况永远只能停留在幻想之中。如今，祖先们的城堡早已灰飞烟灭，遗址也被臭气熏天的牛栏马厩所取代。

这些没落的贵族们大多是泼皮无赖，而巴尔沃亚却和他们不同，是鸡窝之中的凤凰，出类拔萃的人物。这么一个优秀的人物后来竟然来到了伊斯帕尼奥拉岛。至于是出于何种原因登上该岛屿的，我们不得而知。不过，想一下他的出身和生活环境，我们就不会再感到惊讶了。因为当时绝大多数的西班牙没落贵族都难逃流落到伊斯帕尼奥拉岛的命运。他们就像今天蜂拥去往曼哈顿岛的冒险家们一样，都是为了钱财而去。有一种说法是巴尔沃亚藏身于咸肉桶之中离开马德里，我们不能信以为真，这毕竟只是南美洲流传的一个幽默传说而已。不过需要提出的是，在伊斯帕尼奥拉岛上，巴尔沃亚只是一个无足轻重默默无闻的小角色而已。这个话题暂时按下不表，等讲述他那让人同情的悲惨遭遇和可悲下场的时候再详谈也不迟。

从巴尔沃亚身上，我们可以得出这么一个结论："当时的西班牙人虽然经常出没于大江大海之中，但原动力绝不是对航海事业有着浓厚的兴趣，而是对

①厄斯特列马都拉省：位于西班牙，是该国西南部的一个行政区。

黄金的需求与贪婪。”自从有了人类社会以来，黄金就操控了一切。但是，欧洲的黄金产量少得可怜，他们不得不远渡重洋，去寻找新的黄金生产地。只可惜，大多数人都是乘兴而去、败兴而归，就连大名鼎鼎的哥伦布也没有从其他大陆上带回多少来。哥伦布死后的25年里，西班牙举国上下都像发了疯一样苦苦寻觅黄金的来源地。

巴尔沃亚也不例外。他跨过巴拿马地峡的原因根本就不是去发现太平洋，而是希望走一条新的道路来发现黄金。

西班牙人尽管大多不知道科伊巴岛的具体位置，但都知道该岛在本国的西南方向，是一个盛产黄金的好地方。为了能够实现一夜暴富的梦想，每个西班牙人都制订了一套切实可行的计划，摩拳擦掌，迅速行动，争取早日踏上这片神奇的土地。

巴尔沃亚根本就不知道这是一次充满各种艰难的探险活动，不经过全方位的准备根本就不可能到达目的地，反而把其当成一次轻松的旅行。他先后觐见西班牙国王和总督，希望能够得到资金支持。后来，听说有人准备捷足先登的消息之后，巴尔沃亚就放弃了劝说权贵的计划，急匆匆地带着一支不足200人的队伍踏上了西行之旅。

▲ 萨摩亚岛风光

在荆棘丛生的密林之中，巴尔沃亚辛苦地寻找道路。尽管遇到了种种想不到的困难，但他却坚信一定能够踏上那片朝思暮想的土地。尤其是当地的土著人告诉他，只要一直朝着日落的方向前进，就一定能够在浩瀚的水域之中找到真正的黄金产地齐波谷（其实，哥伦布生前也一直在寻找这个岛屿，但直到死也没有看到它的影子）。如果能够到达这片土地的话，就意味着完成了一项空前绝后的宏伟大业。于是，巴尔沃亚就精神抖擞，将行李放在印第安人的背上（在欧洲人看来，印第安人只不过是一群会说话的牲口而已），跋山涉水，一路向西。

和同时代的人相比，巴尔沃亚对待土著人已经是非常仁慈和宽厚了，但仍然改变不了歧视印第安人的作风。由此可见，他那些同行们是如何虐待土著人的了。

巴尔沃亚曾经向塞维利亚当局递交过一封信，上面说，由于兵力不足，不得不处死抓来的土著人。对于这个艰难而又残忍的决定，他一直过意不去。不过，西班牙贵族杀人的时候却非常有意思，他们号称以慈悲为怀，也看不起印第安人，不愿意让这些低等人的鲜血玷污了手中名贵的宝剑，就把杀死土著人的任务交给随军的狼狗。对于这种做法，他们不以为耻，反以为荣，并且还津津乐道，四处炫耀。从现在保存下来的一些书中，我们可以看到很多印第安人被狼狗撕成碎片的图画，而这些图画的作者大多数是那些西班牙的探险家们。

▲ 埋葬罗伯特·路易·斯蒂文森的山丘

这些图片之中出现的狗一共有两种，一种是尖耳朵杂交的赛跑狗，另一种是耳朵更长一些的猎狗。经过几百年的驯化，这两种狗已经变得非常温顺。当然，我不是鉴别狗种类的专家，并不能确定图片之中出现的狗就是我说的那两种。或许，那些狗都是经过特殊驯养而炼成的，现在已经绝种了。

杀死俘虏的遗风流传了很长时间，即便是大名鼎鼎的阿默斯特爵士①也没能告别这一做事方式。他在给友人的几封信中不无遗憾地表示：由于人文主义思潮已经影响了很多人，他根本就不能和16世纪的西班牙贵族一样直截了当地杀掉俘虏。为了减少罪恶感，也为了能减少俘虏给自己带来的负担，他只好把得天花而死的人穿的衣服送给那些异教徒们了。这样虽然也是难逃一死，但毕竟还能让这些可怜的异教徒们多看这个世界一眼。这个尊贵的爵士在1797年离开人世，相比较而言，当时的确比16世纪进步了许多。

1513年9月25日，巴尔沃亚终于站在巴拿马地峡的最高点。他的脚下，是一望无际碧波荡漾的南海，后来被麦哲伦称之为太平洋的地方。麦哲伦发现了这片海洋，确定了这里拥有大量黄金的信息之后，就兴高采烈地返回国内，向王公贵族邀功请赏。有关黄金的消息得到举国上下的一致赞扬。但是，发现第二个大洋的说法却遭到宫廷饱学之士的拒绝与痛斥。这些自以为是的教父们认为，如果地球的大部分是由海水组成的话，那么，这个世界的霸主就应该是鱼类和海鲸。作为人类，既然无法享用这些海中的生物，那么，岂不就意味着这是对制造出人类的上帝的莫大侮辱吗？

关于巴尔沃亚其他的事情，想必大家早已知道了。很不幸，新大陆的发现者竟然被一个没有任何领导才能的人发现。当然，我们并不能因此而将哥伦布批判得体无完肤，因为绝大部分伟大的航海家都和他一样不能成为领袖。比如，创造了航海奇迹的赫德森、布莱等人，他们可以随时随地驾驭自己的船只，但却无论如何也无法驾驭下属。下属们经常会出现一些叛逆的行为，组织暴动，他们对此都束手无策，最终不得不以委曲求全而告终。他们的失败很可能源于与生俱来的自私性，他们太在乎自己的梦想和意志，却从来不考虑其他人的感受和想法，自然就不可避免地产生矛盾和摩擦。当然，并不是所有的航海家都

①阿默斯特爵士：英国军官，曾经在加拿大指挥英军同法国作战。

是自私自利之徒，比如詹姆斯·库克就是一个例外。他为世界地图增添了很多新的土地，做出的贡献可以说是空前绝后，但他却又能和水手们和平共处，从来就没有红过脸。在航海的过程之中，库克不仅提醒水手们注意防止坏血病，还常常想方设法帮助他们弄到新的蔬菜。

为什么大部分航海家都成为不了一个合格的领导者，这个问题应该交给心理学专家去研究。克里斯托弗·哥伦布为心理学家们提供了丰富而又详细的事实。他是一个真正的航海家，但在处理日常事务的时候却是一个不折不扣的失败者。缺乏领导才能是航海家的硬伤。另外，大部分殖民地的总督也都是由这些发现者们来担任，因此就不可避免地给新土地的发展带来负面作用。

哥伦布在统治殖民地期间，一直都是丑闻缠身。后来他离职回国，但他治理的殖民地却并没有任何好转，嫉妒、背叛、急躁在当地继续了很长时间。西班牙的殖民地上，到处都是阴谋和贪婪。由于朝廷远在万里之外，向国王写的告状信经常会被遗失在传递的道路上，因此，当地人很难拥有申诉的机会。即便西班牙当局偶尔能收到一封告状信，准备彻查事情真相的时候，最终也会不了了之，被地方官们推诿了事。殖民地的管理者不用亲自申辩，只需向某一位权贵送上重礼就能平安度过危机。

由于巴尔沃亚缺少权谋，不具备领导能力，就为他手下一些工于心计、阴险狡诈而又野心勃勃的家伙们提供了便利。有一个叫佩德拉里的人利用巴尔沃亚不在的时间，轻而易举地就成为当地的无冕之王。掌握了绝对权力的佩德拉里对巴尔沃亚非常不放心，因为这个太平洋的发现者知道的内幕太多了，自己要想长期统治地峡地带，就必须尽快消灭这个独来独往、精力过剩，和自己意气不投的人。

佩德拉里派人捎信给巴尔沃亚，让他去达连（整个地峡的旧称）长官行辕述职。此时，巴尔沃亚已经在太平洋岸边造好了几艘航船，准备再次探寻新大陆。如果不是暴风的突然袭击，很有可能早就到达秘鲁的金矿了。得知口信之后，他放弃了探险的计划，兴高采烈地去往达连城。天真的巴尔沃亚认为论功行赏的机会到了，没想到却掉进了别人精心设置的陷阱之中。

刚刚来到达连城，巴尔沃亚就以叛国罪被抓，经过一场走过场似的审判，被处以死刑。如今，这个悲惨的下场依然让人不胜嘘唏。

巴尔沃亚死后，进一步开发海洋的计划也夭折了。对于他的计划，我们只能从他生前的信件中了解一二。由于对手佩德拉里不择手段地要把巴尔沃亚从人们的脑海中抹去，所以，这些书信在西班牙王室那里也就没有任何利用价值。巴尔沃亚死后，佩德拉里为了讨好西班牙国王，就在1519年大兴土木，修建了巴拿马城。现在，这座城市是巴拿马共和国的首都。不过，这个城市和佩德拉里之间并没有任何关系了，而是和美国第26届总统西奥多·罗斯福紧紧联系在一起。据说，这个总统的祖先是意大利的犹太人，姓Campo Rosso，后来在16世纪迁居到荷兰之后改成Roosevelt。

巴尔沃亚壮志未酬身先死，后人常常为他悲惨的命运感到痛惜。1525年，另一位航海家皮萨罗沿着他的道路一路向南，终于找到了盛产黄金的秘鲁。如果巴尔沃亚地下有知，不知是会感到欣慰还是遗憾。

关于太平洋是否是第二个大洋的问题长期以来悬而未决，西班牙宫廷的饱学之士们一直将这个提案当成异端学说，不允许别人进行讨论与分析。但是，事实胜于雄辩。多年之后，葡萄牙人麦哲伦还是证明了太平洋的真实存在。

麦哲伦在起航之前就做了非常周全的考虑。为了不激怒西班牙，他决定放

▲ 太平洋岛屿萨摩亚

弃向东去往印度的计划，而是决定从西面航行到达目的地。他之所以采取这么一项计划，是因为葡萄牙和西班牙长期以来一直在为“谁是印度地区真正的统治者”而争吵不休。在事情没有解决之前，这个野心勃勃而又小心谨慎的航海家绝不愿意激怒西班牙，给自己带来本可避免的麻烦。

在中世纪，各国家之间为了争夺土地、人口、财富，经常会产生矛盾。不过，他们并没有将发动战争当作解决问题的唯一途径。作为当时世界两个最大的殖民国家，两者经常会在掠夺非洲、亚洲、美洲的财富和土地上发生一些摩擦。尽管两国政府吵得不可开交，谈判官员争得脸红脖子粗，但两国的统治者谁都不愿意发动战争。

两个国家在谈判协商的时候，经常请教皇来担任中间人和仲裁者。1452 年至 1455 年，葡萄牙人发现了前往海上的捷径。教皇尼古拉五世经过慎重考虑，决定让西班牙去探测印度并且管辖从里斯本到加尔各答沿途的所有土地，而亚速尔以西的领域则判给西班牙。不过，当时的人们认为地球只是一个很小的小方块，亚速尔再往西根本就没有多少领土可言。因此，西班牙人一直耿耿于怀，觉得教皇偏袒葡萄牙。

葡萄牙人在航海过程中一路高歌猛进，取得一个又一个好成绩。1486 年，巴塞洛缪·迪亚士绕过非洲最南端的厄加勒斯角。他的对手西班牙也没有闲着，在葡萄牙人一路向东寻找印度香料岛的时候，一名效忠于西班牙王室的意大利航海家却对外宣布，他已经由西部航道穿过大西洋，到达了印度。

1492 年，尽管哥伦布宣称发现了新大陆，但是并没有人知道它发现的新大陆具体在什么地方，叫什么名字。无论是学术界还是政治界，都陷入一片混乱之中。那些博学多才的教授，知识丰富的历史学家，经验充足的绘图学者，都陷入一阵空前的忙碌之中，纷纷打点行囊，准备去往新大陆一探究竟。教皇担心长期下去很可能会导致战争的爆发，于是就决定出面干涉，禁止任何人前往新大陆探险。教皇以个人的威望做出了一个简单易行的决定：用一把尺子将世界地图一分为二，以亚速尔群岛和佛得角群岛[①]向西 300 英里处为分界线，分界

①佛得角群岛：非洲西部的一个群岛，位于大西洋中。

线以东的地区归葡萄牙，以西归西班牙。这是一个十分公允的裁断，但葡萄牙人却愤愤不平，认为西班牙人占了便宜，本国吃了大亏。

葡萄牙人提出抗议。最终，双方在西班牙的托德西利亚斯城举行会议。经过唇枪舌剑的谈判，双方签订了《托德西利亚斯条约》。条约规定，将分切线定在佛得角群岛向西110英里处。这条分界线在西经40度到50度之间，正好将巴西划在葡萄牙名下，而美洲的其他部分则归西班牙所有。

在两个国家狂热地瓜分殖民地的时候，世界文明也取得明显的进步。地球是圆的已经成为所有人的共识，即便是顽固地坚持着《旧约》的人也不好意思再坚称地球是方的了。在达伽马完成了2.4万英里的伟大航海历程之后，这些抱残守缺、因循守旧、顽固不化的人不得不承认地球在某些地点存在着曲线。既然这个观点得到了所有人的认同，那么，托德西利亚斯线就应是围绕地球一周，而不是平面图上由北到南的一根直线了。但是，这样一来，新问题又出现了，原本属于印度群岛（并不是哥伦布所称的印度群岛）的一部分领土就要成为西班牙国王的领地了。

15世纪末到16世纪初期，欧洲的地理学家们并不满足于仅仅从书本上获得一些地理学知识。他们发挥想象力，天马行空地提出了很多让人匪夷所思的设想，不过，却并没有人愿意为自己的想法付出行动。因此，他们的研究和发现也就仅仅停留在字面上，缺少说服力，没有任何现实意义。后来，麦哲伦证明了地球是圆的，也终止了地理学家们的种种奇思妙想。

麦哲伦是一个非常有个性的葡萄牙贵族，他的名字将被永载于史册。从我们今天的角度出发，与其说他是航海家，倒不如称其为推销商更为贴切一些。如果他向你兜售航海计划，希望得到你的资助，你多半会请来十几名律师对他的项目进行审核与评估之后才会决定是否投资他的航海计划。

麦哲伦是葡萄牙人，但他却成为西班牙人的座上宾。不过，他并没有觉得这有多么不光彩，更不认为自己就是卖国贼。其实，我们也没有理由去苛求他什么。毕竟，背叛祖国的人并不是他一个，与他同一时代的意大利人哥伦布却忠心耿耿地效忠西班牙王室，而稍后的英国人郝德森也是在为荷兰贸易公司效力的时候发现了新荷兰。

其实，在中世纪末期的国际社会中，效忠帝国的人比比皆是，没有人会因此而指责他们、怪罪他们。他们有着他们自己的苦衷和理由，为了实现航海之梦，必须拥有大量的资金和充足的航海设备。如果能够找到本国人投资还好一些，但是如果本国没有人出钱帮助你实现梦想，你总不能让自己苦心经营的计划付之东流吧？假如外国人愿意为你提供资金和技术支持，为什么就不能去投靠他们、效忠他们呢？无论提供支持的人是西班牙，还是荷兰或者是英国，只要是他们愿意支持自己、信任自己，就没有什么可顾虑的了。

据说，麦哲伦离开葡萄牙和摩洛哥军队的营私舞弊案有关。祖国将他逐出了家门，他就没有理由再对这个国家忠心耿耿了。18 岁的麦哲伦就带着伟大的航海计划来到西班牙，向年轻的国王卡洛斯一世（又称皇帝查理五世）请求，希望能够得到资金支持。

麦哲伦向卡洛斯一世提交了他的计划，率领一支小舰队去寻找一条到达西印度群岛和真正的印度群岛的捷径。在 1507 年，瓦尔德泽米勒出版的地图上就把西印度群岛称为美洲。不过，当时的人对其并没有一个清晰的概念。当他们听说有人准备前往印度群岛探险的时候，都会感到疑惑，因为他们根本就不知道对方说的是东印度群岛还是西印度群岛，更不知道这两个群岛之间相隔几许。

麦哲伦对卡洛斯一世说，他想避开西印度群岛改道向南航行，沿着长长的海岸线，静悄悄地进入巴尔沃亚发现的海域之中。如果这个计划能够实现，那么，葡萄牙就不必受制于《托德西利亚斯条约》，就能直接和东印度进行贸易往来了。

麦哲伦是一个谨慎而又精明的生意人，他在和西班牙雇主进行谈判的时候，时刻注意让自己的利益最大化。他向西班牙国王提出，只要对方能够给自己提供五条大船，他一定会在葡萄牙的势力范围之外发现东印度群岛上的香料岛。一旦发现了这些岛屿，西班牙王室就要给他和合伙人法莱罗 5% 的提成，还要授予他们骑士的爵位。

国王爽快地答应了麦哲伦的请求。

万事俱备，航海大军马上就要出发了。法莱罗却临场退却，做了逃兵，原因是他做了一次占卜，占卜的结果是此行很可能有去无回。于是，他就决定退出。

1519 年 8 月 10 日，麦哲伦率领他的船队离开西班牙。在舢板上，这位意气

▲ 莫尔斯比港

风发的年轻人雄心勃勃，对前途做了十分光明的想象。过不了多久，他就能够征服摩鹿加[①]或者是其他岛屿，被西班牙王室委任为新领土的总督。

①摩鹿加：位于印度尼西亚东北部，今名马鲁古群岛。

三年之后，五条航船之中除了小小的“胜利号”之外，其他的四条船都命丧太平洋，麦哲伦本人也客死他乡，只有31名水手返回圣卢卡港。幸存者们走下船来，就向迎接他们的人哭诉这次航行之中遇到的苦难与不幸——这是白种人第一次乘坐自己的船只横跨太平洋的故事。

麦哲伦的航行过程中存在很多好玩的故事，其中的细节由航海队的一名名叫皮加费塔的幸存者讲给拉穆西奥听。拉穆西奥整理了他的口述，写了一套惊险的旅行故事丛书。当然，他写书的目的只是为了多得版税，并不是什么严肃的作品。

麦哲伦也不是一个具有领导能力的航海家。船行没多远，他就和手下人发生了激烈的争吵。由于此行众人没有一个统一的目标和方位，几乎所有人都沉浸在自己编织的美梦之中，所以，他们对航行路线的看法莫衷一是，吵吵嚷嚷，希望能够按照自己设定的路线航行。

在刚一开始的时候，麦哲伦还能靠着国王的恩宠来震慑一下水手们，强迫船队按照他设定的路线前进。先是南下进入几内亚海岸，然后向西航行，沿着今日非洲与南美洲之间的航海线一路朝巴西行去。

麦哲伦的船队一旦抵达了新大陆，实际上就等于是入侵了葡萄牙的领土。按照德西利亚斯的分界线，新大陆属于葡萄牙。为了不引起没必要的麻烦，麦哲伦在此就小心翼翼，严格遵守国际交往的规范。比如，当船队来到里约热内卢的地方时，他就明确地告诉手下人，绝不能利用手中的钢刀和土著人做生意，贩卖奴隶，因为在这里进行商业活动，会引起西班牙当局的不满。

1519年12月27日，麦哲伦和其伙伴们重新起航，向南航行来到了一条水流污浊的河口（不知道什么原因，这条河竟然被当地人称为银河）。

麦哲伦船队并不是第一批光临该地的欧洲探险家，早在3年之前，就有一个名叫第索利斯的船长到达该地。但是，他的擅入引起当地印第安人的不满，而他本人也被当地人杀死。从那之后，欧洲人一提起银河河口就远远地避开，唯恐再激怒当地人，自己死于非命。

麦哲伦的船队到达该河口，也就意味着麦哲伦的航海之旅彻底结束了。在这里，他们产生了不同的意见。有几个船长和多名水手认为，这个河口非常大，很可能就是人们梦寐以求的通向哥伦布大陆另一面的水上通道。

▲ 无风情况下行驶缓慢的船只

麦哲伦无法说服他们，只好提出了一个折中的方案：大部队原地待命，派遣几艘小船按照他们所说的航向去探一下路。结果，那几条船走了没多远就在乌拉圭河上迷失了方向。水手们发现河道越来越窄之后才明白自己犯下了非常严重的错误。于是，就及时返航，与大部队一起向南航行。

从那之后，每当就航行方向不能达成一致的时候，麦哲伦就沿用这种方法。不过，试探了几次之后，他们却发现茫茫大海之中根本就找不到所谓的捷径。他们除了发现了几个无关紧要的港口和海湾之外，就再也没有任何收获。此时，他们从西班牙离开没多长时间，就遇上了寒冷天气——其实，这应该是意料之中的事，南北半球季节相反，西班牙还是炎炎夏日的时候，南半球却是雪花飞舞。只不过，当时的欧洲人并不懂得这一点。

凛冽的寒风无时不在折磨着这些可怜的淘金者。此时此刻，意志坚定的麦哲伦依然督促手下们打起精神，继续前进。饥寒交迫、贫困交加、忍无可忍的水手们决定发动一场暴动，强迫麦哲伦停止航行，原路返回。麦哲伦不忍心放弃他苦心经营已久的计划，为了安抚水手们，他宣布，如果能够找到一个盛产鱼虾和牡蛎的海岛，船队将会停止前进，在那里过完冬之后再出发。可惜，饥肠辘辘的水手们并不吃这一套，纷纷嘲笑他的这一做法不过是望梅止渴而已。

现在，轮到麦哲伦忍无可忍了。为了让手下人领略一下他这个领军人物的威力，他决定处死“胜利号”的船长。命令下达之后，那位正在认真阅读麦哲伦书信的可怜船长就稀里糊涂地成为刀下之鬼。

麦哲伦在一次小冲突中遭土著人杀害

“胜利号”船长被处决之后，支持麦哲伦的船员又趁机将“圣安东尼奥号”船长杀死，并将其尸体大卸八块，游船示众，告诫那些不安分的船员们，如果再想不服从命令，这就是他们的下场。

“康塞普西翁号”的船长虽然也对麦哲伦十分不满，但他受到的处罚远比其他两个船长轻得多。他只是被带上铁镣，并被告知整个航行途中不能随便取下而已，而其他希望发动哗变的传教士也受到同样的惩罚。

麦哲伦和属下水手们的关系经常会出现剑拔弩张的局面，但他和土著人的关系整体上来说却是十分融洽。这些土著人和畏寒惧冷的西班牙人完全不同，即便是在风雪交加的天气里，他们也大多一丝不挂。由于这些身材高大的土著人都长有一双十分硕大的脚，因此，欧洲人就称他们是巴塔哥尼亚人（意思是大脚人）。到现在为止，这个称呼也没有改变。

这年8月24日，寒冬已过，麦哲伦率领船队离开安全港继续南行。几个星期之后，船队右面的海岸线开始向后退却，水手们发现了一片宽敞的水域。麦哲伦断定，他们苦苦寻求的分隔东西印度洋的海岛终于出现了。

麦哲伦兴高采烈地把水手们召集过来，将这一天大的好消息告诉他们。不曾想，这下子给了水手们要求返航的理由，既然已经找到了去往南太平洋的水路，实现了航海史上的大突破，何必再继续南下遭受海浪与恶劣天气的折磨呢？直接返回西班牙，把这一伟大的发现在国民面前炫耀一番岂不更好？

◀ 麦哲伦环球旅行乘用的帆船

麦哲伦打断了水手们的话。他威严地表示，谁也不能改变船队继续南下的命令，如果有谁胆敢再提返回故国，他一定会把说这话的人给吊死。这个命令下达之后，大部分人噤若寒蝉，再也不敢随随便便提出回国的想法了。不过，“圣安东尼奥号”的新任船长却率领本船船员利用探测远处海岸的机会逃回了西班牙。回到西班牙之后，这些临阵脱逃的人却成为正义凌然的英雄，一遍遍地向国人讲述麦哲伦的种种暴行，指责这个伟大的航海家是一个没有头脑的人，把国王要求前往摩鹿加的命令抛在脑后，反而在巴西海岸逗留了很长时间。

这当然是不符合事实的指责。其实，麦哲伦一直都在想着如何穿越地峡，并没有刻意在某个地方逗留太长时间。在海峡的背面，就是今天人们经常提到的巴塔哥尼亚，而南面由于经常能够在夜间看到土著人生活取暖的场景，所以就被麦哲伦称为火地岛。由于地峡周边经常会出现暴风雪、冰雹、狂风等恶劣天气，所以，麦哲伦就断定这里并不适合人类居住。

船队经过 20 多天的痛苦煎熬，终于从海峡驶向大海。船员们终于看到了一碧如洗的天空，风平浪静的海平面。在庆幸又活着的同时，船员们就虔诚地把这片新海域叫做太平洋。从那之后，“太平洋”这个词就经常出现在我们经常使用的地图上。

不过，这也是船队最后一段太平岁月了，接下来等待船员们的，就是各种意想不到的困难。根据和国王达成的协定，麦哲伦必须到达摩鹿加。在当时的地理科学界和数学科学界，人们普遍认为摩鹿加是著名的香料产地，和西班牙同处在一个半球之上。在300多年以前，建都于君士坦丁堡的奥斯曼土耳其大帝国切断了欧洲与印度的陆上联系。为了得到充足的香料，欧洲人决定从海上开辟一条新道路。麦哲伦认为，既然摩鹿加盛产香料，那么，它必定地处赤道旁边。他对自己的判断坚信不疑，就命令船队调转船头，向西北航行。后来的事实证明，这次航行是一个无法用语言来描述的艰难旅途。

在今天被称作麦哲伦海峡的地方，多次饿得老眼昏花的麦哲伦根本就不敢贸然上岸去为大部队寻找给养。这是因为，他的水手们已是骨瘦如柴、见风就倒，没有多少体力可言了。如果登岸，很有可能就会和土著人产生冲突。双方一旦交起手来，西班牙的水手们就毫无招架之力，只能任人宰割。现在，最理智的做法莫过于一路向西航行，至于结果如何，也只能听天由命了。只是，不下船的选择并没有给麦哲伦带来什么好运，反而让这些可怜的人儿差点全部丧身鱼腹。为了加深一下印象，你不妨摊开世界地图看一下麦哲伦团队的航行路线，你很快就能发现，在浩瀚的水域当中，他们几乎找不到一片岛屿、一个山头甚至是一棵可可树。

他们在登船之前准备的食物，只剩下几把稻米了。更为痛苦的是，由于缺

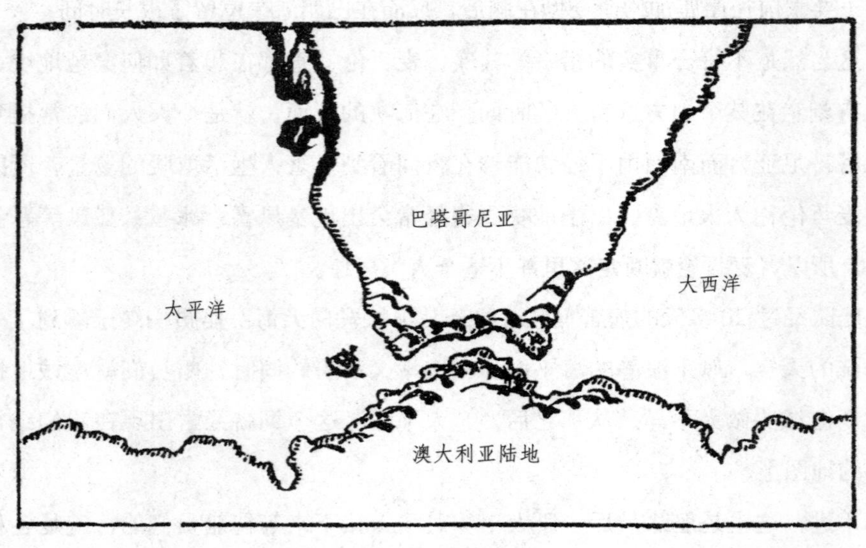

▲ 这些东西麦哲伦认为是自己首先发现的

少淡水，船员们只能用海水煮饭。结果，20多名船员因为这难以下咽的糙米饭而一命呜呼。再过了一段时间，他们连稻米也吃不上了。为了充饥，可怜的船员们只好用桅杆底部的牛皮混合木屑和盐煮了吃。

好不容易发现了一个小岛，却是荒无人烟，饿得两眼昏花的水手自然也没有找到任何食物。船员们苦苦支撑了98天。在这98天里，船上的老鼠竟然成了船员们的救命粮。最后，他们终于来到了一个既有食物又有淡水的群岛。美中不足的是，群岛上的主人并不是热情好客淳朴善良之辈，反而多是偷鸡摸狗之徒。或许是这个原因，船员们就叫这个群岛为"拉德伦斯岛"（窃贼岛）。后来，地理学家们推测，拉德伦斯群岛之中的关岛很可能就是麦哲伦船队登上的第一个岛屿。

现在，你不妨再打开一下地图，你就能够发现从麦哲伦海峡西端的德赛杜角去往拉德伦斯岛只需要一到两天的航程。只是，当时一心想要尽早到达赤道的麦哲伦根本就没有向西或者是向东稍微做一下调整，而是直接向北进入无人区。如果他当初能够意识到这一点的话，就不会忍受这么长时间的折磨，更不会有那么多同伴死于非命了。

麦哲伦再次看到陆地的时间是1521年3月16日。之前，他把第一次停船的地方称为圣拉扎拉斯。后来，就索性把整个群岛都以此命名。若干年之后，西班牙成为这片土地上的实际统治者之后，就将此易名为菲律宾。据说，这是为了表示对某一位西班牙国王的敬意。

到达此地之后，麦哲伦试图和当地土著人进行沟通交流。在当时，为了能和土著人有效对话，航海者们一般都会尽量找到一个曾经见到过白种人的土著人。当然，在白种人看来，他们找到的这个肤色黝黑的当地人一定能够通晓该地不同区域的方言。如果一个土著人胆敢对他们说听不懂其他同胞的话，势必会遭到白种人的一顿毒打。结果，为了避免遭受皮肉之苦的土著人只好违心地告诉白种人，他能毫无阻碍地和任何一个同等肤色的人进行交流。如此一来，这些不懂装懂的土著人做了蹩脚的翻译之后，就很容易引起白种人同当地人之间的矛盾。在当时，这种情况屡见不鲜。

麦哲伦在航行途中收养了一名土著男孩。这个男孩曾经在印度流浪过一段时间，后来搭乘一条葡萄牙人的探险船去过欧洲。得知麦哲伦准备去往新大陆的消息之后，他就自告奋勇报了名。因为他觉得，这样就能够回到魂牵梦绕的故土中去，和失散多年的亲人团聚了。不过，我们并不能断定他的国籍是哪里。现在，人们普遍相信他是菲律宾人。如果这是事实的话，那么，我们的航海史就要重写，环球航行的第一人就不是麦哲伦而是菲律宾人了。因为麦哲伦船队的幸存者是在这个男孩之后才完成环球航行的。

无论怎样，这个充当翻译的小男孩和那个地区的其他人一样，多多少少懂一些马来语。从语言学的角度来讲，苏门答腊人和摩鹿人的语言功能要比欧洲人强一些，语言也好学一些。这些以马来语为基础的语言经过一段时间的发展，逐渐变成这个群岛王国中所有人的交流工具。

在中世纪的欧洲，地中海各口岸的船民们也都运用过类似的语言。这些长期和意大利人、西班牙人、法国人、希腊人以及阿拉伯人打交道的船民们将他们的语言融合在一起，形成了一种名叫“佛兰卡”的新语言。在15世纪，马来语实际上就是整个印度半岛的“佛兰卡语”。因此，麦哲伦就能十分轻松地从他的翻译那里了解到船队已经到达了婆罗洲的地界。当时，麦哲伦已经了解了婆罗洲在圣拉扎拉斯（菲律宾）以南摩鹿加正西的信息。因此，他就完全有理由相信厄运已经离去，在不久的将来，他就能够在富庶的香料岛上升起西班牙王国的国旗。这片土地日后必将会成为西班牙王室的领地，因为教皇之前

▲ 在航行中的麦哲伦及船员

的规定并不允许葡萄牙染指这一区域。

假如麦哲伦能够更加务实一些，那么，他的计划很可能就会实现。只可惜，他和很多中世纪的探险家们一样，既是一个利欲熏心的亡命之徒，又是一个狂热的宗教分子。这在现代人看来，他的确是这样的人，终其一生，都沉溺于荣华富贵的幻想之中，但他这辈子又是一个不折不扣的修道士。麦哲伦总是相信上帝与自己同在，认为前些日子受到的折磨是上帝对他的考验，现在考验已经结束，好日子马上就要来临了。同时，他还感觉到，自己已经完成了航海探险的任务，接下来就该做传播基督教的伟大事业了。因此，他就命令船队靠岸，自己去向愚昧无知的土著人传经布道，让他们皈依上帝。

他找到了宿务岛的酋长，希望酋长能够和他一样成为上帝之子。没想到，这个酋长说一套做一套，表面上对麦哲伦言听计从，也非常热情地接受基督教的洗礼，但心里却打着他自己的如意算盘，他和其他的酋长之间常常因为争夺领土和人口而大打出手，这些远道而来的白人携带着杀伤力巨大的火炮，如果能为其所用的话，必然能够在战争中让自己占尽上风。麦哲伦见他对上帝如此忠诚，就以为找到了知音。为了帮助这个好兄弟，他决定带着他的远征队和火炮去讨伐菲律宾群岛中心的麦克坦岛的酋长。

但是，麦哲伦太轻敌了。他原以为有着坚船利炮做后盾，一定能够征服麦克坦岛上的异教徒，没想到自己却在战争中被对手给杀死了。

宿务岛的酋长假惺惺地为这个盟友流了几滴泪，还装模作样地邀请麦哲伦的继任者塞拉诺和其他船长来商议后事。几个船长对这几天发生的事情一无所知，得到邀请之后很快就来到宿务岛。结果，却被事先设计好圈套的酋长给杀死了。

统帅和船长们都死了，船队大丧元气。死里逃生的幸存者们为了减轻负担，就烧掉了一艘船，然后将所有的人都集中在“胜利号”和“特立尼达号”两条船上。

但是，“特立尼达号”的船长在关键时刻并不同意其他船员们提出的经非洲海岸原路返回的意见，而是力主继续东行，希望能够碰碰运气。后来，他或许到达了巴拿马地峡，并在那里将麦哲伦的死讯写成航海报告递交给西班牙王室。在4个月之后，他们又在饥寒交迫之中返回了摩鹿加。实际上，如果从非

▲ 岛屿遍布 麦哲伦是用什么方法绕过它们的呢？

洲海岸线原路返回的话，只需一个半月的时间就可以了。

谢天谢地，“特立尼达号”终于返回了德那地岛[①]。两年多来，葡萄牙人一直为麦哲伦的船队感到忧虑，唯恐他们找到了香料岛。现在，这支一无所获的船队竟然狼狈地逃到了他们的地盘上，葡萄牙人不禁长舒一口气。葡萄牙人将几乎变成废船的“特立尼达号”扣留，“客客气气”地把船上的水手送到爪哇。

这些可怜的水手们又被辗转送到印度的科钦。当地的总督正忙于四处征战，根本就没有时间搭理这些如同丧家犬般的西班牙水手。因此，这些可怜的家伙只好在这里逗留了一年多的时间，用研究大象的习性来打发时间。

总督终于回到了科钦，但这次却是为了卸任而来。继任的新总督名叫达·伽马。达·伽马上任之后，仍然不允许这些水手离开。好在，没过多长时间，他病死在任上，这些可怜的水手们才被一条葡萄牙的船带回西班牙。回到故土，水手们失声痛哭——他们已经五年没踏上祖国的土地了。

而“胜利号”的遭遇明显要幸运得多。它来到摩鹿加，装了满满一船的香料，然后在船长德·卡诺的率领下摸索着返航。在1521年12月21日这个距离从欧洲出发的日期正好两年的日子里，离开了蒂多雷岛，进入葡萄牙的领地，准备从那里返回西班牙。

①德那地岛：马鲁古群岛之中的一个岛屿，属于印度尼西亚。

水手们为了避开葡萄牙人的盘查与骚扰，就在好望角以南几百英里的水面上朝着故国航行。这时候，气温骤然下降，那些刚刚适应了热带气候的水手们不得不忍受这突如其来的酷寒。他们想起那些在热带水面上航行而被肺病、坏血病、饥饿折磨而死的同伴们，心中更是增添了许多恐惧。这种恐惧也成为他们加快航行速度的动力。在 1522 年 7 月，44 位历尽劫难、九死一生的幸存者在精疲力尽之际赶到了佛得角群岛。船长派出一条小船上岸去寻找淡水和给养。尽管他们悄无声息，但仍然惊动了葡萄牙人。于是，他们就立刻囚禁了上岸的 13 名水手，并派人通知“胜利号”，要求他们立即无条件投降，否则就用大炮将航船击沉。船长德 · 卡诺并不愿意束手就擒，得到通知之后，立即命令手下人打起精神，开动船只，迅速驶向公海水域。

两个月之后，幸存者终于返回了圣 · 卢卡港。在三年之前，一共有 275 名自信心爆棚的水手跟随麦哲伦出征远行。如今，却只剩下了 31 个瘦骨嶙峋、喋喋不休诉说着灾难的“幸运儿”。

环球航行结束之后，世人们就一直对麦哲伦的是非功过争论不休。实事求是地讲，他并不是一个十恶不赦的人，尽管他和当时其他的航海家们一样做过很多伤天害理的事，但这都是迫不得已而为之。毕竟，和他一起环游世界的人都是一些恶棍和流氓。要想和这些混蛋们打成一片，拧成一股绳，麦哲伦除了与他们同流合污之外，再也没有其他的选择。

尽管麦哲伦的环球航行是一次无可非议的壮举，但是，这次航行并没有给地理学上带来什么意义。尽管他将南海命名为太平洋，但这个大洋的发现者却是巴尔沃亚。他的船队到达了摩鹿加，然而，这个岛屿的实际统治者却是葡萄牙人。麦哲伦对地理学所作出的唯一贡献就在于，从 1522 年开始，神学家们再也不能坚持天圆地方的学术观点，被迫承认地球就是一个椭圆球体的事实。

为了寻找安慰，有不少传教士就把注意力转移到对麦哲伦船队日常生活的攻击上，指责他们在周五的时候吃肉，不在周日而在周一庆祝复活节。当然，这并不是污蔑他们。事实上，所有的船员都有过这样的经历，但这却是明显在鸡蛋里面挑骨头。除了水手们无意间触犯教规之外，国际变更线的出现也成为一个不可逾越的问题。众所周知，当我们经过经度 180 的时候，日期就会增加或者是减少一天。不过，1521年的人们并不具备这个常识，自然也就不会想起这一点来。

按照当时的宗教观点来看，麦哲伦的行为的确是对上帝的大不敬。但是，换成谁在海上航行恐怕都要犯和麦哲伦一样的错误。要想严格遵守宗教规定，那么，水手们在航行的时候就必须时刻注意时差的变化，以便于走到日期变更线的时候好调整一下日期。

麦哲伦的环球航行是失败的，辜负了雇主的希望，浪费了雇主提供的资金。但是，他的航行却让英国人与荷兰人获益匪浅。麦哲伦的航行告诉世人，在拉普拉塔河向南600英里的出口处就是连接大西洋与太平洋的地方。在这里，人们可以自由航行，西班牙无权干涉。50年后的英国和荷兰的海盗们常常将这个出口当成根据地，对西班牙在美洲的殖民地进行偷袭。

后来，随着葡萄牙的没落，那条需要绕道南非的捷径已经没有多少价值了。到了这个时候，麦哲伦海峡就成为可有可无的东西，长期沉寂在汹涌的波涛声中。直到19世纪初期，人们在加利福尼亚地区发现了金矿，该海峡才恢复了往日的热闹与繁华。

后来，巴拿马运河开通，费力南多海峡也逐渐无人问津了。如果麦哲伦泉下有知，不知道会作何感想，他千辛万苦开辟出来的新航线发现的新海峡竟然成为废物，这真是造化弄人。

麦哲伦船队所到达的摩鹿加岛究竟应该属于哪个国家的版图，是西班牙和葡萄牙两个国家争论不休的话题。当初，麦哲伦觐见西班牙国王卡洛斯时，提出建议说，可以理直气壮地根据托德西拉斯条约的规定，将其划为西班牙的名下。

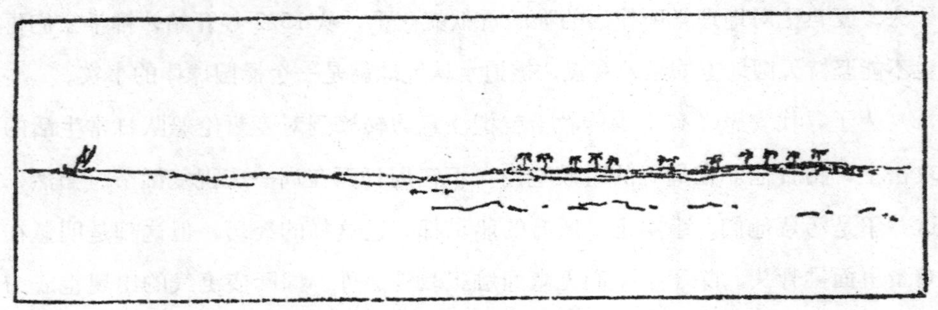

▲ 从远处眺望环礁

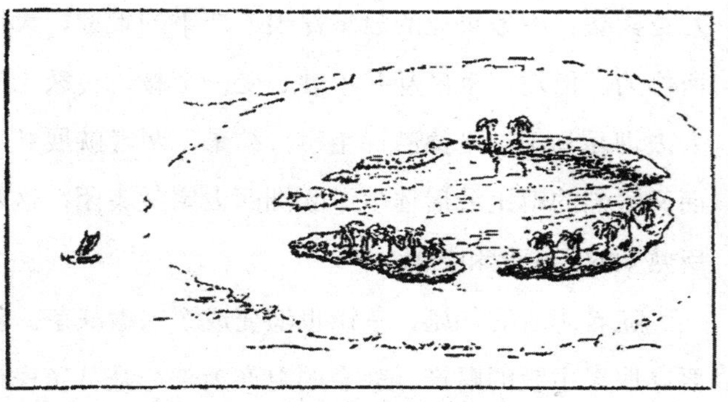
▲ 从高空俯瞰环礁

环球航行结束之后，麦哲伦船队也提供了有力的证据，证明该地区的确处于西班牙的地理范围之内。但是，他们所提供的证据并不被葡萄牙政府接受。在这个问题上，葡萄牙人寸步不让，坚持摩鹿加应该是本国的国土。

后来，两国政府决定再次谈判，让由律师、宗教人士、地理学家共同组成的三个专业委员会来做仲裁。只可惜，三个委员会的意见也不能达成一致。他们召开了无数次会议，但每次都是各执一词，相互攻讦，争论不休，以至于到最后也没能得出一个明确的结论。

好在西班牙和葡萄牙的执政者都是非常聪明的人，他们放弃了由委员会仲裁的想法，转而通过外交途径来解决这一问题。双方各自派出本国经验最丰富的外交家来进行谈判，于 1529 年签订了一个平等条约。条约规定：葡萄牙对摩鹿加拥有统治权，但需要向西班牙支付 35 万杜卡①金币作为补偿；葡萄牙承认西班牙对菲律宾的控制权。葡萄牙政府之所以做出让步，并不是因为慷慨大度，而是因为心有余而力不足，国力日渐衰退，他们已经无法染指菲律宾地区，不得不面对现实，承认西班牙对菲律宾的控制权。另外，葡萄牙在菲律宾问题上委曲求全，就能迫使西班牙在摩鹿加的谈判中做出让步，从而让自己获得更多实惠的利益。

在麦哲伦环球航行的两年前，德国北部发生了轰动世界的马丁·路德宗教改革案。这个来自德国北部小镇的普通传教士在维滕贝尔德教会法庭的大门上钉上 95 条论纲②，声色俱厉地痛斥了教会内部存在的种种弊端。同时，他也对

①杜卡：欧洲历史上许多国家通用的金币名。

② 95 条论纲：1517 年 10 月 31 日，马丁·路德为了抨击教皇的赎罪券政策而提出的论纲。

尸位素餐、不务正业的教皇提出了严肃的批评，大声呼吁教皇要振作起来，有所作为。但是，教皇却并不甘心受一个普通传教士的摆布，就拒绝改变，并派人去训斥马丁·路德滋扰生事。结果，两者就展开了无休止的辩论。这次长期而又激烈的辩论最后催生了欧洲两大宗教集团，这两个宗教集团就是今日人们所熟知的天主教和新教。

随着矛盾的加剧，争论也演变成了宗教战争。新教的教徒们处心积虑地想要夺取天主教的财产。教会的财产大部分是从殖民地中掠取得来。争论之初，新教处于劣势。但是后来，第一批新教教民的后代已经完全占据了葡萄牙与西班牙在印度洋与太平洋的所有殖民地。

麦哲伦的环球航行并没有让西班牙和葡萄牙两国政府认识到他们在太平洋诸岛匆忙建立的殖民地结构非常薄弱这一严峻的问题。麦哲伦死后，北海的海盗们就发动了公开反叛罗马教皇和西班牙王室的战争。由于教会和王室之间对这一问题并没有引起足够的重视，只是将其看成几个打家劫舍的剪径毛贼而已。历史证明，他们必将为其当初的粗心大意付出惨重的代价。

第七章

寻找神秘的澳大利亚大陆

人们在研究地理学上一些未知问题的时候，通常都会将“已知事实”与“奇思妙想”融合在一起，进行归纳、总结、探索。

现代人已经到达了地球的每一个角落。他们的地理知识让中世纪的人们难以望其项背，因而也就有了十足的理由去嘲笑先人的幼稚与可笑。事实上，古代人并不是我们想象中那么愚蠢，他们做出一些搞笑、愚蠢的事情只不过是缺乏历史知识造成的罢了。

在中世纪的欧洲，人们经常谈论一些陌生大陆的奇闻怪事、风土人情。他们所谈论的事情，有很大一部分都是凭空捏造、道听途说而来，甚至可以说是与事实差之千里。这些虚假的信息大多是由出海远航的水手们回归故土之后捏造而成的。当然，我们也不能将这些话一棍子打死，全盘否定。毕竟，里面多多少少还会有一些真实的存在。譬如，那位异想天开希望喝到免费松子酒的船长的言论还是有着一定的可信度的。

胡编乱造的传说和历史事实并存于人们的言谈之中，久而久之，人们就难以分清真假。比如，很多博学的欧洲地理学家一致认为，中世纪时期非洲某国

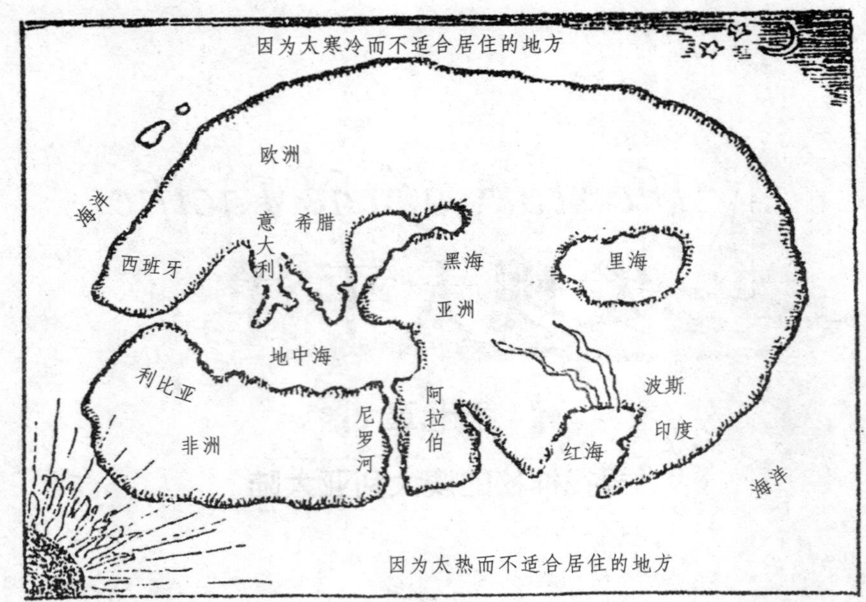

▲ 亚里士多德眼中的世界

国王普雷斯特·约翰信仰基督的故事只是一个传说，但后来人们却发现这个人在历史上是真实存在的。他就是埃塞俄比亚的奈格斯，不仅是一个名副其实的皇帝，还是本国基督教会的黑人教父。另外，人们一直不相信北极的人没有脖子、脑袋长在胸前，但是，在16世纪的一次探险中，人们却发现这样的人的确存在，他们就是巴芬湾长年累月穿着皮衣的爱斯基摩人。

另外，在欧洲一直流传着“大西洋彼岸有一块大陆”的传说。尽管这个传说并没有确凿的证据，但从古希腊时代起，所有的地理学家都认为这是一个不容置疑的真实存在，当时的人们甚至还知道这块大陆的名字叫做图勒[①]。这个传说是何时兴起的呢？是从维兰德出现，经过格陵兰岛、冰岛、法罗群岛[②]流传至欧洲的，还是在哥伦布出生几百年前由纽芬兰[③]海岸的法国渔民带到欧洲的呢？我们不得而知。

①图勒：格陵兰西北部的一个村镇，名字的意思是地球上最后一块陆地。
②法罗群岛：丹麦的一个州，北大西洋火山里的一个群岛。
③纽芬兰：加拿大最东部的一个省。

在欧洲流行的传说里，关于亚洲诸多地区盛产黄金的说法更是流传甚广，经久不衰。有许多故事的出现时间远早于波罗家族的探险活动[①]。尽管这些传说大多是胡编乱造的，但如果能够仔细甄别一下的话，还是能从中获取不少真实而又有益的信息。

传说林林总总，形形色色。我们能够甄别出哪些信息是真实的还是虚假的，却永远无法判断究竟是谁将这些传说带入欧洲。毕竟，当时的人们和今天依靠出版物、书写笔来进行传播学信息的人们不同，他们传递信息的主要渠道就是口口相传，很少会选择以纸笔为载体。哪怕是一个经历了多次冒险的人，也不可能想着在暮年的时候写一本回忆录。他们或许会炫耀一下自己丰富多彩的经历，但顶多就是对着子孙们滔滔不绝地讲述一下自己年轻时的丰功伟业而已。

大名鼎鼎的马可波罗一直是人们眼中的东方文化传播者。但是，他的成名却是事出偶然。如果当初他不是为了保卫自己的家乡威尼斯而应征入伍去和热那亚共和国的军队交战的话，恐怕终其一生都只能是一个默默无闻的普通人罢了。

在被热那亚共和国俘虏之前，马可波罗很少向人们提及他在中国大汗[②]朝廷中的生活，只是偶尔向一些朋友炫耀一下自己在中国的经历与见闻。但是，他的那些朋友根本就不相信，就送给了他一个“马可百万”的外号，言下之意，就是嘲讽他曾经在遍布黄金的中国见到过价值百万的皇宫。

被俘之后，马可波罗正好和威尼斯的御用文人鲁斯蒂恰诺关在一个房间里。两个人挤在小黑屋里可怜巴巴地等待着家里人的赎金（将他们从监狱里赎出去），日子过得漫长而又无聊。为了打发时间，马可波罗就向难友讲起了自己在中国的经历。说者无意，听者有心，鲁斯蒂恰诺把马可波罗的话全部记在本子上。出狱之后，《马可波罗游记》出版。如果没有这场导致马可波罗入狱的战争的话，恐怕今人根本就无法听到那个让人神往的忽必烈大帝国的故事了。

哥伦布的遭遇和马可波罗大致相似。假如哥伦布生活在这个传媒业比较发

①波罗家族的探险活动：1271 年，马可波罗跟随其父亲和叔父从地中海东岸的阿克城出发，去往中国。

②中国大汗：元世祖忽必烈，1260 年至 1294 年在位。

▲ 克里斯托弗·哥伦布

达的年代，他在完成航行凯旋的时候，一定能够在港口碰到大批争抢一线新闻的媒体记者、希望借助名人效应大发横财的电影制片商及广告公司特派员等。他还没有走到家，出版商们就会和他商量出书的事。过不了多长时间，他就能成为全球闻名的海军司令。但是，在费迪南[①]与伊莎贝拉的时代，消息传播非常慢，人们根本就不知道哥伦布是谁，也难以在第一时间得知有人发现了新大陆的消息，更没有人想着帮助哥伦布出一本《历险记》之类的图书来增加收入。

哥伦布倒是写过一些航海经历的文字，但该文字作品只有薄薄的16页，并且还是在1493年2月14日的旗舰上写给财政大臣的书信。在这封书信里，哥伦布向财政大臣提出了由恒河上游进入印度的建议。我们现在看到的书信不是哥伦布的真迹，而是拉丁文本的出版物。这个出版物上印着“罗马”（出版地）和1493年（出版时间）的字样。

当然，哥伦布在航海过程中也写过其他的信件，不过那些信件大部分是呼吁执政当局给予资金支持、要求法庭偿还欠款以及一份个人遗嘱，和航海的关系不是很大。

哥伦布发现新大陆的消息并没有引起当时人们的普遍重视，即便是航行结束之后的15年，人们也没有感觉出来他为航海事业、地理科学做出过什么贡献。15年之后，尽管新大陆出现在世界地图上，但注释文字却显示这是由亚美利加·维斯普西发现的，和哥伦布本人无关。

不过，我们应该记住，真正发现新大陆的人是梦想家哥伦布，而不是亚美利加·维斯普西这个精明的商人。亚美利加·维斯普西是意大利佛罗伦萨米第奇家族在西班牙的利益代言人。当雇主告诉他哥伦布发现的新大陆能够带来无

①费迪南：意大利那不勒斯王朝的国王。

限商机的时候，维斯普西就迅速出版了两本介绍新大陆的小册子。这两本小册子并不是严谨的地理学作品，而是十足的“商业说明书”。在不多的篇幅之中，维斯普西不厌其烦地讲述这片新土地上具有哪些商机。

维斯普西出版的小册子内容通俗易懂，颇受公众青睐。不过，让人怀疑的是，这个根本就没有参加1797年航行的人却在小册子里对新大陆做了身临其境般的描述。从这一点上，我们可以判断出他就是一个喜欢胡编乱造能将谎言说得十分逼真的骗子。尽管如此，但我们脚下的这片新大陆却是以他的名字命名的。这的确很不公平，但是，又有几个人愿意关心它呢？

西班牙人以做事不严谨而著称，只要是他们参与的事情，势必都会搞砸或者是不了了之。他们在海洋中航行的时候，很少自己拿主意，而是把决定权交给千里之外的塞维利亚当局。但是，塞维利亚的衮衮诸公却都是做事拖拉、办事马虎的家伙。比如，前面我们提到的发现托雷斯海峡的重要报告，就被他们束之高阁300年之久。类似的事情还有很多，不必一一列举，只要是我们知道做事马虎是西班牙的“优秀传统”就行了。当初，西班牙人发现了亚速尔群岛、马德拉群岛和佛得角群岛。但在500年之后，却没有一个西班牙人能够想得起来。当然，或许有些水手似乎听到过这个名字，也从父亲祖父那里知道这三个群岛的大致位置。但是，他们的一些邻居在听到这些故事的时候，却总是耸耸肩，摇摇头，一脸不相信。

好在，总有一些人相信水手们说的话。这是因为，如果水手们说谎的话，不可能把每个细节都说得那么详细和逼真。一些具有开创精神和进取意识的绘图专家们就将水手们所描述的地方添加在他们新绘制的地图之中。如果我们摊开一张当时的地图的话，就会发现它们竟然和今天的世界地图相差无几。

我之所以说这么多，并不是故意将话题扯远，而是为了告诉读者，中世纪人们大胆的推测对发现太平洋起到了不可忽视的作用。

大多数现代人认为，发现太平洋是一个漫长的过程，直到18世纪末期才最终完成，这种观点是正确的。

第一个抵达夏威夷群岛的欧洲人库克船长却并不是第一个到达太平洋的人，这一点已经得到所有地理学家的共识。他们断定，在库克船长出航的几百年之

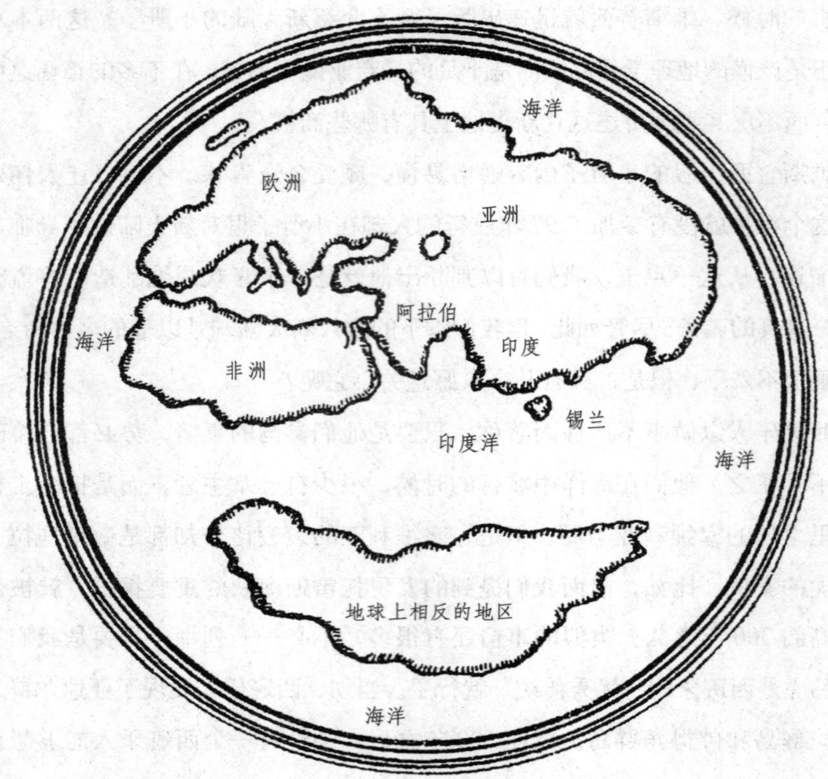

▲ 公元 40 年，彭波尼乌斯·梅拉对大洋的彼岸可能有陆地做出首次猜想

前就有西班牙舰队到达菲律宾和巴拿马之间的海域。这些船只在某个岛屿上出现了意外事故，大多数船员丧身鱼腹，只有少数人躲过死劫，停留在岛上打发余生。除了这些人之外，还有一些水手抵达斐济群岛、拉德洛内斯群岛，以那里为终点站，辗转返回欧洲。

读者朋友应该还记得我在上一章中提到的那个麦哲伦船队上的菲律宾人吧？他很有可能就是环球航行的第一人。他只是一个无名小卒，一个在船队之中没有任何地位的水手。但是，在航海史上，他却并不是一个无足轻重的人。他的存在不但给船队提供了不少正确的建议，还为后世的地理学家们提供了许多丰富的资料和信息。

在地理界存在着这样一个观点，一个荷兰人在 1616–1618 年终于发现了澳大利亚大陆。我基本赞同这种说法，但在写这本书的时候，除了要记载实情之外，还会重点讲述一下发现太平洋的一些故事。或许读者朋友认为我这样做是多此一举，但我要告诉你的是上述观点中的“终于”一词中透露了一个非常重要的信息，太平洋的发现不是一蹴而就的一日之功，而是许多人前赴后继，经过多年的不懈努力之后才取得成功的。在1700年之前，人们都认为印度南部的某片海域之中存在着一个地域广阔的大陆，而这种认识正是许多人行船下海一路南行的主要动力之一。

为了叙述方便，我们就从1600年开始讲起吧。这时候，欧洲人都知道了好望角是抵达印度的捷径这一消息，西班牙和葡萄牙两国政府已经在南美大陆确立了殖民统治，在当地兴建了许多城镇、教堂，建立了民事和宗教组织，印刷了很多刊有新世界标志的图书。与此同时，殖民政府还兴建了不少学堂，为当地人提供受教育的机会。

荷兰人远征印度的尝试以失败而告终，这次尝试也证明从极地地带到印度地区没有捷径可走的事实。

发现印度岛直接给欧洲商人带来400多年的商机。十几个国家的船只穿梭在亚洲、非洲、拉丁美洲的大小海湾之中，努力而又认真地探测寻找金矿和香料的所在地。他们寻找金矿的过程也间接地促进了地理科学的发展，当时的地

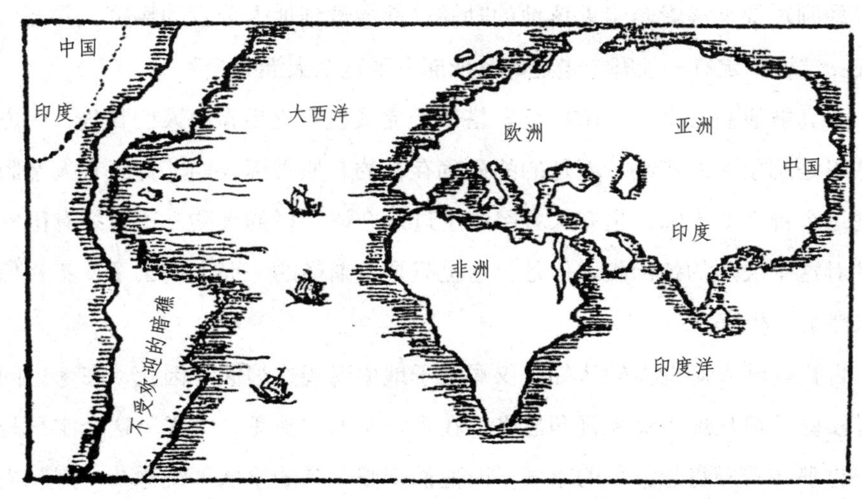

▲15世纪，航海家使所有旧地图都变得过时

理学家们对于陌生土地和海洋的认知大多来源于那些淘金的船长和水手们带回去的信息。

欧洲人完全有理由为发现新大陆、将世界各大洲联系在一起而骄傲。自从有了人类文明以来，人们对世界的认知十分有限，都局限于自己生活的土地上。新航路的开辟和新大陆的发现，第一次让人们知道自己生存的这个星球是如此幅员辽阔。

17 世纪是一个商业活动十分活跃的时代，许多大型的贸易公司都是在那个时候出现的，比如格陵兰的捕鲸公司、摩鹿加的香料和肉豆蔻公司，以及赴安第斯山[①]进行勘探与开发的或大或小知名不知名的公司。这是一个英雄和狗熊辈出的时代，更是一个光荣与冒险的时代。

当时的一些船员凑在一起喝酒聊天的时候，经常会提到这样一个问题："你知道南方那个大洲是什么样子的吗？"而得到的回答通常都是："我们知道的并不比一千年以前的人知道的多些。"在当时，尽管大部分人都相信太平洋之南存在着一个大洲，但也有一部分人认为这是无稽之谈。

从几千年之前的古希腊时代起，人们就一直相信在水之南存在着一个神秘的大洲。但是，却没有人真正踏上过那片土地。因此，17 世纪的人在听说某个人曾经到过该地或者是走近该地的时候，都会遭到他人善意的嘲笑，并开玩笑地说："说不定有一天哪个走运的家伙能发现这个大洲呢。"

还真被他们言中了。1642 年，塔斯曼完成航行之后，向人们宣告，南方大陆并不是想象中的产物，而是的的确确存在的。他告诉人们，曾经有人亲眼见到过这个神奇的大陆，也有人曾经踏上过这个谜一样的大陆，还曾经有国家宣布过对这个大陆的统治权。但是，这也只是塔斯曼的一面之词罢了，不相信的人依然是不相信。

古代欧洲人对世界的认知仅仅局限于地中海周边地区，因此，在考虑问题的时候就习惯从地中海的视角出发。在古希腊的字典里，"洋"这个字只是用来形容那些猜测臆想之中的水域，而他们亲眼见到的水域则统称为"海"或者

①安第斯山：南美洲西部科迪勒拉山脉的主干山系，南北走向。

是“湖”，比如，黑海、里海、马尔马拉海[①]、红海或波斯湾等，这些水域都属于欧洲人的内海。

公元前4世纪左右，欧洲人又将一个海纳入他们的内海之中。当时，亚历山大大帝东征来到印度河口，因遇到一个无法穿过的大海而不得不改变行程。这个海就是今天的印度洋。当时的希腊人已经知道印度这个地方的存在，不过他们只是将其当成埃塞俄比亚的一部分。希腊人把整个欧洲北部的地方都称之为埃塞俄比亚。直到300多年以前，他们依然这么认为。到了后来，他们才将埃塞俄比亚这个名字专门称呼阿比西尼亚国王的领地。

当时的世界到了南埃塞俄比亚就等于是到了天涯海角。由此可以推断出亚历山大的军队所碰到的水域必定就是希腊人所说的“洋”。这个推断得到当时欧洲所有地理学家的赞同和支持。不过，根据马其顿军事将领奈阿尔科斯舰队带回来的报告推断，大军遇到的水域并不是传说中的“洋”。因为报告中说，他们从印度河河口驶入波斯湾，接着又找到底格里斯河与幼发拉底河的河口。舰队在那里发现，水域的潮汐并没有太明显的变化，这个报告和大洋潮汐变化较大的说法是矛盾的。因此，希腊的哲学家们就推断出他们之前做出的假设是错误的，亚历山大大帝仅仅是发现了另一个内陆海罢了。从那之后的几百年里，无论是地理界还是其他学术界都接受了希腊哲学家的推断，认为亚历山大军队又给地图上增添了一个新的内陆海。这个内陆海西达埃塞俄比亚（当时人们对非洲的称呼），北接中国与印度，而东面和南面则是未知世界，他们将这个未知世界称为“尚未发现的南方大陆”。

在整个中世纪，人们一直对南方大陆是否存在、这个大陆上是否有人类文明而争吵不休。当然，这个问题只是一切地理问题的开端而已。

我们没有理由相信我们的祖先是基于对未知世界的好奇心而产生了探索发现新大陆的想法和行动。事实上，他们采取行动的动力和今日的人类一样，都是为了获得更多的经济利益。当时的人们的确存在一些淡泊名利的人，但大部分人是贪财如命的好利之徒。他们选择做一件事情的时候，首先想到的是能不

①马尔马拉海：奥斯曼土耳其帝国的一个小内海。

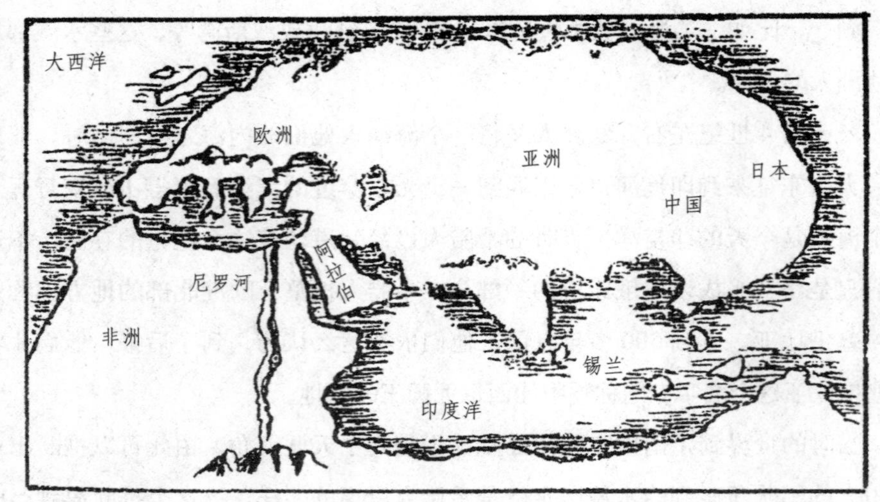

▲阿拉伯人在中世纪时所使用的地图

能给自己带来丰厚的利润。在他们身边，出现了一个又一个一夜暴富的人。因此，他们就觉得只要是自己抓住机会也能够成为百万富翁。在推销商的鼓舞之下，越来越多的人都投入到他们所熟悉的某个巨大商机之中。尽管绝大多数人的“抓住机会”不过是铤而走险，最终难逃头破血流血本无归的悲惨结局，但他们却并不愿意就此收手，听天由命，他们不想一辈子碌碌无为、穷困潦倒，也没有想过从失败之中学到一些经验和教训之类的问题。

我们的历史书也非常势利，只记载了英国和荷兰的东印度公司、荷兰的西印度公司、格陵兰公司以及一些帮助波士顿和布里斯托尔的少数冒险家们发财致富的财富集团，对它们的成长、成功大书特书，但对于海边村镇上成立的不计其数的小经济组织却显得十分吝啬，不屑一顾，惜墨如金。这些小经济组织的组建者和参与者们的下场大多十分悲惨，大海不但耗尽了他们的全部积蓄，还将不计其数的人逼向家破人亡的地步。

我真希望一些现代的经济学家或者是经济学院的学生能够把目光投向那些小经济组织的创建者和参与者的身上，仔细研究一下他们的遭遇，并计算出他们究竟赔了多少钱。我想，这些小公司小作坊们赔的钱应该远远超出那几个少数成功企业所获得利润的总和吧？

尽管这种投资风险极大，但那些亏本人的亲戚或朋友却并没有从中吸取教

▲ 人们对南方大陆存在的坚信，使得南海公司的倡导者一夜暴富

训，依然会将自己的血汗钱全部投进相同的行业之中。在这一点上，我们没有理由去苛求古人。须知，这样不理智的行为如今依然普遍存在着，你看纽约那些收入微薄的女工们虽然知道赌马的风险很大，不照样将自己的血汗钱都砸在那些专门坑人的赛马彩票上了吗？一个又一个小公司关门大吉并不能引起人们的重视，反而激发了他们更大的热情。那些人对失败者一点都不同情，而是尽情地嘲笑他们“时运不济，厄运当头”，并信誓旦旦地认为“只有我才会受到上天的眷顾，也只有我才有资格一夜暴富，大发横财”。当这种思维控制一个人的大脑的时候，后果可想而知。你根本无法阻止投资热潮的蔓延，只能期盼着让它从内部瓦解。了解了这一点，对于美国历史上发生整个国家投资郁金香和为了争夺密西西比股票的愚蠢行为也就不难理解了。

麦哲伦船队的环球航行结束之后，欧洲又掀起了探索南方未知大陆的热潮。

但这并不是科学的热潮，只是淘金热历史的重演罢了。异想天开幻想一夜暴富的人们把不劳而获无本万利的机会全都押在了那个神秘的大陆上。

当时的人们想钱都快想疯了，他们一直认为，即使是发现一片新沙漠也能给自己带来发财的机会。即便是这些希望最终都以失望收场，但是那些为了金钱甘愿付出一切的人却并不绝望，依然乐观地认为机会就在眼前，抓住就能功成名就。每次失败给他们带来的绝不是铩羽而归，而是重整旗鼓，从头再来。这是因为，他们有着坚强的信念，也有着鼓动自己重整旗鼓的教材。在1530年，一个养猪佬发现了一个遍地黄金的国家因此而大发横财。尽管这个故事很可能是凭空杜撰以讹传讹，但很多人都坚信不疑，这个一夜暴富的故事常常搅动得那些一心发财的人寝食不安，浑身燥热。

有发财的梦想毕竟是好的，尽管这个梦想饥不可食、寒不可衣，但至少能够给人带来心灵上的愉悦。因此，我们也没有必要对抱有这种梦想的人指手画脚，说三道四。试想一下，一个人如果没有一点幻想，不懂得安慰自己，那么他的生活还会有什么激情和美好可言吗?

到了17世纪中期，通过投机买卖获利的可能性已经减少了很多。印度群岛上几个比较富裕的地方被那些实力强大的欧洲国家瓜分殆尽。这个时候，人们终于知道哥伦布发现的新大陆并不是黄金遍地的地方，也没有给所有人都提供发财致富的机会。尽管新大陆上也存在一些储量丰富的金矿，但那只是政府的财产，普通人根本无法染指。

17世纪的人们要想通过发现新区域发财的话，就只能去往欧洲北方的平原或者是丛林之中了。但是，那里提供成功的机会非常小，除非遇到了政治或者是宗教迫害，根本就没有人愿意踏上那片贫瘠而又凶险的土地。现在，从大洋彼岸传来的消息并不是某某人发现了金矿大发横财，而是没完没了的天灾人祸。比如寸草不生、瘟疫横行、民风彪悍、贫穷落后、妇孺常被强盗劫持、行走上几周也找不到一个像样的城市等。这无疑是往欧洲人的头上浇了一盆冷水，让他们恢复了冷静。从那之后，再也没有人愿意背井离乡寻找商机了。

当时，非洲仍是一片未开发的处女地。但是，由于当地天气炎热、瘟疫横行、野兽出没，险象环生，让那些好吃懒做的欧洲人闻之色变，胆战心惊，自然也

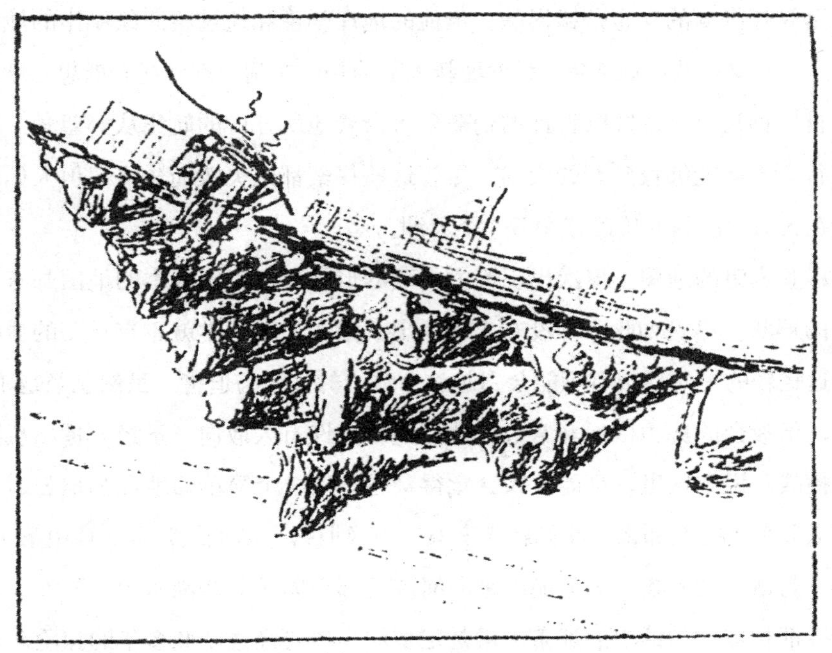

▲ 太平洋岛屿位于世界另一端的缺点使它魅力降低

就不敢贸然前去寻找商机了。

如果一个穷鬼依然不死心，念念不忘发财致富，那他也只能把希望寄托在印度内陆海南方的那个新大陆了。那个新大陆就是现在的澳大利亚，只是当时的人还不知道它的名字。

麦哲伦的环球航行已经让欧洲人的脑海里有了一个南方大陆的大致轮廓。这个新大陆并不是希腊天文学家托勒斯所设想的那样是暹罗[①]和锡兰[②]的延伸。托勒密是公元2世纪亚历山大时代的绘图专家，他绘制的地图是中世纪地理学界的权威。但是，自从探险家们开辟了一个又一个新航路之后，他的地位就逐渐衰落了。达伽马的航行有力地冲击了托勒斯的地图学说，以不容置辩的事实向世人证明，非洲背面只有一条狭长的地带和亚洲相连，其他地区和亚洲没有任何关系；而亚洲也被证明是一个幅员辽阔、三面环海、只有西面和陆地相接。

①暹罗：泰国古称。

②锡兰：今斯里兰卡。

尽管托勒斯的观念是错误的，但他的地理学说和通过臆想绘制出的地图却影响了一代又一代的航海家，如发现新大陆的哥伦布到死都对托勒斯忠心耿耿。

自达伽马之后，数以百计的葡萄牙人沿着他所开辟的航线从好望角一直向南航行，希望能够找到新的大陆。尽管这些探索都以失败而告终，但人们依然相信在大海之南的的确确存在着一个大洲。

尽管当时的地图上屡次出现南方大陆的形状，但不同版本的地图却有着不一样的形状。尽管如此，却没有人敢提出“南方大陆根本就不存在”的质疑，因为这轻轻的一句话很有可能会引起教会势力的仇视与迫害。虽然已经是16世纪了，但教会的势力依然非常大，他们绝不允许有人敢向《圣经》提出质疑，发出挑战。说到这里，可能有人会觉得疑惑，这一个简单的地理知识怎么和教会扯上关系了呢？那么，我们就先来看一下《旧约·创世纪》第2章中第10节里的一句话：“一条从伊甸流出来的河流是那个园子的浇灌水源。”绝大多数基督徒都相信这句话中的那条河就是尼罗河。尽管经过200多年的探险活动，地理学家们已经确定尼罗河与南方那个不知名的大陆没有任何联系，但他们却都选择了三缄其口。如果谁敢指出《圣经》的错误，势必会和教会结下恩怨。对于这一点，地理学家们心知肚明。

人们都有一个比较奇怪的心理，不加选择和质疑地接受他人的科研成果，十分反感有人提出相反的意见。正是因为这样，我们才更应该对那些敢于提出质疑的人致以崇高的敬意。如果没有他们的大胆怀疑，我们将依然停留在愚昧无知的洪荒时代。同理，当在生活中遇到与权威学术意见相左的人时，我们也要给予应有的尊重。毕竟，科学永无止境，我们坚信不疑的真理，在1000年后的人看来很可能就是谬论。如果我们不肯接受新意见，那么，就很有可能成为愚蠢的捍卫者和代言人。

当然，面对那些17世纪的迂腐分子，我们依然要保持一个宽容的心态，因为我们和他们一样，都是不情愿接受不同意见的人。尽管那个时候麦哲伦的环球航行证明了什么，但他们依然坚信太平洋就是一个内陆海，这个内陆海和南方大陆紧紧地联系在一起。他们拒绝任何新的地理学发现，反而对那些错误的信息表示大力欢迎。

假如一阵飓风将太平洋上的一艘小船吹得偏离了航道，假如那些惊慌失措的水手们在不知所措的时候不经意间看到了一个地图上没有标注过的海岸，那么，欧洲就会再度刮起一阵“发现南方新大陆”的传说。

在1526年的时候，一位名叫梅内赛斯的水手驾船在太平洋中航行，突然被一阵迎面而来的狂风吹到了南方，最后在一个巨大的岛屿停了下来。当地人的长相与肤色和马来人差异很大，非常像非洲黑人。因此，当时几乎所有的人都认为梅内塞斯到达的地方就是传说中的南方大陆。

1546年，西班牙水手雷特斯在从菲律宾去往巴拿马地峡的路上也在一次偶然的机会中到达梅内塞斯在20年前到过的这个岛屿。他在这个岛上生活了很长一段时间，并将其命名为新几内亚。从这个名字上我们可以看出，当时的人们依然顽固地将非洲和那个神秘的南方大陆联系在一起。众所周知，几内亚位于非洲西海岸的塞内加尔和尼日尔河之间。雷特斯给“新大陆”取名为新几内亚，言下之意，不言而喻。

1567年，学术界和政治界再次掀起寻找新大陆的议题。和历史上相比，这次的提出明显科学了许多，制定的方案也颇具可行性。当时的秘鲁总督内拉一直在为经济问题而发愁，为了得到黄金，他决定组织一批人再次去寻找那块神秘的新大陆。

内拉派出的船队从赤道南段出发，穿过太平洋，来到一片新群岛上。水手们发现了新岛屿之后，欢呼雀跃，举杯相庆，并以《圣经》之中最富有的国王所罗门的名字为该群岛命名。

只可惜，他们的兴奋与欣喜并没有持续多长时间。水手们登岸之后，碰到了和非洲人肤色大致相似的土著居民，就边说边比划甚至拿出黄金来让他们看。但是，这些愚昧落后的土著人并不懂白人的意思，自然也就没办法领着他们去寻找黄金。他们还停留在茹毛饮血、杀人为乐的原始时期，对黄金毫无兴趣，对秘鲁的官员们也没有丝毫的敬畏。与此同时，一个名叫萨维德拉的人发现了我们在前面提到的夏威夷岛。这个消息很快经墨西哥传到利马。尽管这个发现比其他航海活动的时间晚了许多，但它却是墨西哥历史上开天辟地的一件大事。因为在此之前，还没有一次从墨西哥出发的航海活动能够有什么新发现。据说，

▲ 1941 年二战前夕的夏威夷

夏威夷岛是一搜失去了航向的船偶然之间发现的。

大概是 1555 年左右，西班牙人加埃塔诺也来到夏威夷岛。不过，历史学家们却并不承认这一点，他们坚称是库克船长在 1778 年第一次发现了夏威夷群岛。这两个观点孰是孰非，我不敢妄下定论，更不知道该倾向于哪一种说法。或许，这个谜在以后也难以解开。毕竟，我们手头上根本就没有足够的证据来证明究竟谁才是第一个登上夏威夷岛的白种人。

另外，西班牙执政当局在工作上素来马马虎虎，对船队的事情一点都不关心。或许真有船只到达过夏威夷岛，也向当局递交过报告，但殖民地的官员只是轻描淡写地在报告上批了一个“查无黄金”就去睡觉了，发现新岛屿的重大事件就这样不了了之。

言归正传，再谈一下秘鲁总督。尽管第一次远征失败，但他并不甘心放弃计划，就在 1595 年组织了第二次远征。这次远征同样以失败而告终，甚至还不如第一次远征的结果好，船队还没有抵达所罗门群岛就在马克萨斯群岛搁浅，总督内拉也病死在那里。

内拉的妻子带着船队继续前行，最终到达菲律宾。丈夫的意外死亡给她的心灵带来创伤，再也没有勇气和兴趣去探寻南方的新大陆了。在菲律宾，她决定让葡萄牙人基埃罗兹继承丈夫生前的职务。

基埃罗兹做了总督之后所做的第一件事就是把自己的名字改为基罗斯。他改名的动机是什么，我们不得而知。不过，从那之后，他就死心塌地地忠于祖国的敌人了。尽管他不善交际、笨嘴拙舌，但是却有着常人不能有的想象力，备受西班牙执政当局的器重。这个人不仅仅是叱咤风云一时的大人物，还在地理史上占据了一席之地，因为他曾经发现过几片新的土地。

基罗斯做了总督之后，就向西班牙国王和罗马教皇上书，希望他们支持自己进行新的远征。在给国王与教皇的书信中，基罗斯信誓旦旦地表示要做一番开天辟地的壮举，让自己的远征盖过麦哲伦、达伽马和哥伦布们的光辉。教皇对远征不感兴趣，就把他的信扔在一边。但是，西班牙国王认为新的远征能够给自己带来大量的黄金，就决定出资支持他。

1605 年 12 月 21 日，基罗斯带领一个由 3 条大船组成的远征军从卡亚俄[①]起航，在 1606 年到达新赫布里底群岛。

现在，如果你摊开地图，就会发现其中的一个岛屿依然以奥地利圣埃斯皮里图命名，这个名字是基罗斯起的。他之所以给这个小岛起这么一个古怪的名字，是为了想讨好西班牙国王。

基罗斯虽然是名义上的领导，但整个航海过程中却都要听从托雷斯的指挥。发现了新群岛之后，心胸狭隘的基罗斯不愿意让托雷斯与自己分享无上的荣誉，就心生一计，带着自己的船只脱离大部队，希望能悄悄地返回西班牙，赶在托雷斯面前向国王邀功请赏。只可惜，他的如意算盘最终却落空了，不但西班牙国王对他的报告没有任何兴趣，而他本人从那之后也销声匿迹了。

托雷斯对基罗斯的阴谋一无所知，傻傻地在群岛上等待了很长一段时间。久候不至，他就决定带着剩下的船只向北航行去往菲律宾。他穿过的那条将新几内亚和澳大利亚本土分开的海峡后来以他的名字命名。

①卡亚俄：秘鲁的一个港口城市。

在航行的过程中，托雷斯遇到了不计其数的珊瑚礁，受尽了折磨。因此，也就没有机会在新几内亚和澳大利亚的海岸登陆。假如没有珊瑚礁的话，托雷斯就是发现南方大陆的第一人了。直到今天，珊瑚礁依然困扰着在托雷斯海峡航行的船只，以至于那些往返于悉尼与巴塔维亚之间的汽船不得不专门配备一名托雷斯海峡领航员。

托雷斯不仅是一名忠于职守的好船长，还是对西班牙王室忠心耿耿的好臣仆，他把自己航程中的所见所闻都一一报告给本国政府。只可惜，懒惰散漫马虎的西班牙政府根本就没有把他的报告当回事，也没有做任何处理。结果，托雷斯呕心沥血写就的航行报告像废纸一样地被扔在马尼拉的一个寺院里长达 300 余年。如果不是一个历史学家在偶然中发现了这堆报告纸，恐怕今天根本就没有几个人认识托雷斯了。

第八章

地图上出现了澳大利亚

大概在16世纪中期，一位名叫林索登的荷兰年轻人离开了家乡佐代尔泽，来到塔古斯[①]河流域。他在那里学会了当地的方言，不久就被新任大主教果阿[②]看中，做了跟班。

林索登跟着大主教去过印度群岛，游历了很多欧洲人根本就没有去过的国家。

16年那年他离家出走。这个乳臭未干的未成年人，等到1589年回到故乡的时候已经变成一个意气风发美名远扬的成功人士。家乡的人们对他的返乡表现得非常热情，为他举行了盛大的欢迎仪式。因为林索登是本土中第一个了解去往印度群岛路线的人，这个信息对于老乡们来说，实在是太重要了。

由于林索登没有受过正规的教育，根本就不擅长行文叙事，因此，他的地理学家的朋友们就根据他的口述替他撰写了一本名叫《旅行见闻》的书。在这本书里，详细描述了林索登在印度群岛的所见所闻，并且还细致地介绍了从欧

①塔古斯河：伊利亚特半岛最长的河流，也是欧洲的重要河流之一。

②果阿：古代印度的一个县。

洲去往印度群岛的最佳航线。

当时的荷兰人都把神秘的南方大陆看成是爪哇岛或者是大爪哇岛的一部分。但是，林索登的这本书却告诉人们，南方大陆和爪哇岛没有任何关系，从好望角向东出发，就能够顺利到达目的地。

这本书刚刚面世的时候，并没有引起荷兰人的足够重视。因为整个国家都在忙着和没落的帝国葡萄牙争抢殖民地，无暇关心南方新大陆的问题。到了17世纪中期，已经占据了印度群岛大部分地区的荷兰人才想起了《旅行见闻》之中描述的那个神秘的南方新大陆，荷兰的地理学家们也逐渐对这个新大陆产生了浓厚的兴趣。于是，西班牙政府就决定组建一支大规模的船队，去寻找南方新大陆，准备尽快揭开这个大陆的神秘面纱。

除了荷兰人之外，法国人也一直在进行着寻找新大陆的努力。早在1503年，就有一名法国水手宣称自己在前往印度群岛的航行中因为被狂风吹离航线而到达了那个神秘的南方大陆。不过，他的话并不足为信，因为他所描述的地方和《马克波罗游记》中提到的马达加斯加十分相似。这个水手很可能是为了炫耀或者是虚荣心作祟才这么说的。在当时，欧洲人已经知道了马达加斯加岛的存在并知道它是非洲的一部分。早在1500年的时候，葡萄牙人迪亚斯在去往印度群岛的航行中也曾经到过那里。

▲ 一个没有地图的新大陆，是不会轻易放过任何东西的

时光荏苒，转眼间30年过去了，又有一名名叫纪尧姆·莱·泰斯图的海上探险家对外宣称自己曾经到达过那个未知的南方大陆。他的说法是否属实，不同的学术界存在着不同的观点，现代历史学家大多否定他的说法，而那些聪明的地理学家们却认为他的话可信度比较高，为地理研究提供了很多重要的资料。

1597年，荷兰人威特弗利特出版了一本地理书。他在书中指出，神秘的南方大陆位于赤道附近的南纬 2–3 度，在新几内亚的南面，并和新几内亚隔着一条十分宽阔的海峡，是一个幅员辽阔的新大陆。后来证明，威特弗利特的推断和事实丝毫不差。

威特弗利特的地理学著作之中的说法只是一种推测，直到这本书出版 9 年之后，托雷斯才真正通过了澳大利亚与新几内亚之间的海峡，而这个海峡被命名为新几内亚却是很多年以后的事情了（我在前面已经讲过这个内容）。由此推断，如果威特弗利特不是一个天才的预言家的话，很有可能是其他水手曾经到过澳大利亚大陆。这个水手回来之后将自己的所见所闻告诉了威特弗利特，却并没有打算亲自出书。倘若他能将自己的航海经历写成书出版的话，那发现澳大利亚大陆的第一人就非他莫属。只可惜，这一切都只能是推测，后人永远都不可能知道他姓甚名谁。

当然，那个到过南方大陆的水手不愿意写书或许有他自己的考虑。须知，在当时，无论是一个成功的航海家还是这个航海家的赞助者，都不愿意将他们的新发现公布于众，因为这属于他们的商业秘密，如果出书的话，就等于将商业秘密告诉他人，势必会给自己的利益带来损失。他们不愿意和对手分享从阿姆斯特丹到安汶岛的航线是因为不愿意培养一个竞争者，这和现代的制造业商人不愿意和对手分享合成胶的秘方是一个道理。

荷兰人对于南方新大陆的首次科学探险带着浓厚的懵懂色彩。1606 年，奉命去往南太平洋探险的船长杨斯左恩乘着“德伊弗肯号”快艇绕着新几内亚转了一圈，然后沿着海岸线直到弗莱河，接着又向南航行，在一个风和日丽碧空万里的早晨来到今日的卡奔塔利亚湾，最终到达基尔维尔角（也可能叫“二度转向海角”）。不过，基尔维尔角却是一个寸草不生的荒芜之地，大失所望的杨斯佐恩在那里稍作停留就急匆匆地返回爪哇岛。

托雷斯在航行的时候也经过上述地区，不过，和杨斯左恩相比，他的经过却完全是偶然的。尽管托雷斯证明了澳大利亚和新几内亚之间的关系，却浑然不知自己已经看到了欧洲人几千年来梦寐以求却无缘得见的新大陆。虽然他们创造了一个新的航海纪录，却并没有得到任何财富和荣誉。这也怪不得他们，在他们之前有很多探险家和水手都曾经见到过他人不曾见到的岛屿，故而，托

▲ 德克·哈尔托赫于公元1616年在新荷兰海岸留下一个锡牌

雷斯对此也并不觉得有什么骄傲的地方，更没有激动的理由。

10年之后，另外一个名叫哈尔托赫的荷兰人也有类似的经历。他乘坐的“埃德霍特号”船原本去往爪哇岛，但由于在航行途中遇到飓风而导致航船偏离方向，最终到达一个渺无人烟的海岸。到达不知名的海岸之后，哈尔托赫学着其他人在岸上做了标记，竖起一根悬有“1616年10月25日埃德霍特到此一游”字样锡牌的木杆。后来，这根木杆被前来探险的“盖尔芬克号”荷兰船船长拉名赫带回荷兰。现在，这根木杆存放于阿姆斯特丹的雷伊克斯博物馆，如果你有兴趣的话，可以到那里看一下。

从那之后，这个地方就被命名为埃德霍特[①]。它和迪尔克哈尔托赫岛、吉尔芬克海峡都可以被看成荷兰人早期到达澳大利亚本土的证据。

哈尔托赫船长将自己的发现报告给荷兰王室，引起了阿姆斯特丹商人们的注意。对于荷兰这么一个庞大的帝国来讲，国内矛盾重重，想要军民齐心绝不是一件容易的事。因此，荷兰王室对于开疆扩土这些事就没有多大兴趣。不过，他们却能在和葡萄牙的争霸战中找到快感。当他们听说本国的船只第一次出现于被葡萄牙人占领了100多年的印度群岛之后，顿时有了一种空前的自豪感。不过，随着自豪感而来的则是对本国船只的担忧。这是因为，尽管葡萄牙王国已经日薄西山，但毕竟是百足之虫死而不僵，很可能会对他们发动攻击。为了安全起见，荷兰执政当局决定采取措施，确保本国船只在海上的安全。

在当时，欧洲人已经了解到了好望角的地理价值，却很少从军事角度上去

①埃德霍特：今称碑文角。

考虑它的重要性，更没有想过在这里驻扎一支军队。故而，在短短的几十年时间里，好望角数易其主。随着各国争夺的白热化，欧洲人也逐渐对好望角产生了新的认识。

荷兰人从葡萄牙人手中夺取了圣海伦娜没多久，就在1652年将该地区的控制权转手让给英国人。迫不得已之际，他们只好将船只的供给站迁到开普敦。在当时，葡萄牙人虽说元气大伤，但依然能组织一支军队在毛里求斯附近对荷兰商船进行偷袭。为此，荷兰执政当局就三令五申，要求本国船只尽量避开好望角，从它以南的100英里处航行，绕道阿姆斯特丹岛去往爪哇（阿姆斯特丹岛是范迪门[①]在1633年发现的）。

就在荷兰人为防范葡萄牙人在新发现的澳大利亚海岸实施偷袭的时候，不甘落后的英国人也开始了积极的航海行动。该国商人为了获取更多的利益，就频频向国王詹姆斯一世上书请愿，希望国王能够准许他们组建一支舰队，以大英帝国的名义去探测并占领那个神秘的南方大陆。尽管伦敦的商人轮番到王宫里游说，英国驻海牙的大使不断地将荷兰人的新发现写成报告呈交上来。但詹姆斯一世却不为所动。他斥责了商人代表靠顿爵士，告诉他心胸狭隘的荷兰人比愚蠢透顶的葡萄牙人更难对付。如果英国敢染指澳大利亚大陆，一定会遭到这个国家的疯狂报复，两国间的战争也将一触即发。

由于詹姆士一世的不作为，荷兰人在这条南方航线中一庄独大。越来越多的荷兰船抵达爪哇岛，并将当地有关沙滩、礁石、荒无人烟的消息带回国。

在现代澳大利亚的地图上，依然存在着浓厚的荷兰印记。比如，澳大利亚的伊德尔地区就是以1619年到达该地的荷兰探险家伊德尔的名字命名的，而豪特曼岛的名字也和一个名叫豪特曼的船长有关，这个岛是白人在澳大利亚建立的第一个居住地。

荷兰人的一次内斗让豪特曼岛成为欧洲人在澳大利亚大陆的第一个居住地。1629年，弗朗索斯·萨佩尔特所乘的航船在豪特曼岛受损，无法继续航行，萨佩尔特决定回去求援。他自己乘坐小船往回返，命令水手们在岛上等他。几周

①范迪门：1636–1645年荷属东印度殖民地的总督。

之后，当他返回小岛之后竟然发现水手们都像急眼的公鸡一样斗得正酣。萨佩尔特勃然大怒，就将其中的两个小头目赶回国内，把其他水手发配到附近的大陆上。没有人知道这些水手流浪何处，魂归何方，但他们却因为是在澳大利亚大陆出现的第一批定居者而被后人记住。

除了上述两个地方之外，澳大利亚其他的一些地区也和荷兰人有着很深的关系。比如莱乌因角就是荷兰人探测过澳大利亚南部海岸的明证，而艾尔半岛[①]（荷属东印度公司的主管的名字）外的努伊特群岛则是荷兰人已经了解了这个神秘大陆一半的重要标志。

前去澳大利亚大陆勘测探险的荷兰水手们大多是迫于生计才参与这项活动的，就连他们的船长也很少思考自己该怎么做、为什么这么做等问题。他们只是机械地听从巴塔维亚当局的派遣，僵硬呆板不知变通地听从雇主的命令。

船长和水手们都是没有头脑的人，而他们的雇主却都是深谋远虑之辈。荷属东印度群岛的总督们一直希望能一劳永逸地解决南太平洋的问题，就是为了防止让本国出现葡萄牙的悲剧。在 100 多年之前，葡萄牙在控制了由非洲到摩鹿加的海路之后就沉醉在海上霸主的美梦之中，却万万没有料到麦哲伦的船队竟然突然出现在太平洋上，让他们腹背受敌。现在，荷兰人已经取代了葡萄牙人的位置。由于前车之鉴，他们并不敢高枕无忧，歌舞升平，而是处处小心，时时提防，唯恐突然出现的敌人将自己打翻在地。他们满怀忧虑地盯着东方的地平线，如果发现其他国家的船只出现在这片水域，就会采取疯狂的报复行动。他们尤为重视那个神秘的南方大陆，希望尽早找到它的确切位置，以便做好对来自东方入侵者的防范工作。

只有垄断一切才能高枕无忧这种观点非常落伍，只有中世纪的人才会有这种想法。如今，荷属东印度公司早已不再是封闭的企业，而是对所有外国投资者都表示热烈欢迎的经济机构。当然，这并不代表外国投资者可以肆意妄为，如果他们胆敢鼓吹纳粹整体的优越性，叫嚣着在赤道以南建立一个大德意志帝国的话，必定会收到荷属东印度公司的逐客令。

①艾尔半岛：有人说该岛以 1841 年发现此地的英国探险家艾尔的名字命名。

现代人的意识和16–17世纪的人完全不可同日而语。因此，当我们读到1596年那个负责去往新地岛探险的负责人递交给荷兰执政当局的信件时，就会哑然失笑。该负责人一本正经满心忧虑地向阿姆斯特丹的执政者提出建议，希望能够在北冰洋到喀拉海[①]的维加克海峡两岸建筑一些防御工事，以此来防备其他国家的入侵，确保荷兰的海上霸权。这个建议和之前麦哲伦的想法可谓如出一辙。当年，麦哲伦为了将其他国家排除在太平洋之外，也向他的雇主提出了在南美洲与火地岛之间的麦哲伦海峡筑起防御工事的建议。

在提到这些勇敢的探险家时，我不免想再次提醒大家一下他们中间存在着很多强盗式的人物。这些人都是不修私德，心狠手辣，喜欢趁火打劫，但是却因为给本国走向繁荣富强奠定了基础而备受当权者的重视和后来人的推崇。他们迷信武力，推崇荷兰人用坚船利炮取得东印度群岛拥有权的方式。“同行是冤家”，这是一个亘古不变的真理，呼风唤雨功成名就的强盗最恐惧的莫过于那些虽然默默无闻但却胸有大志的同行们。故而，当斯考顿和莱麦尔准备效仿麦哲伦，率领两条“流氓船”和几十名恶棍船员由麦哲伦海峡以南的航线抵达摩鹿加时，就给荷兰人带来了前所未有的恐慌。

斯考顿和莱麦尔的航行用意很明显，就是希望能够打破荷属东印度公司的垄断地位。只可惜，他们的行动却以失败而告终。荷兰法庭经过长期的争辩之后，将两人的行为判定为“越界”，同意巴塔维亚总督的申诉，将这两条船上的货物收归国有，勒令他们以后不准进入太平洋半步。尽管这次行动以失败而告终，但是，荷兰人独霸海洋的梦想却永远不可能得逞。他们能够打压一小批人的行动，却无力阻挡随后而来的浩浩荡荡的异国探险大军。

尽管斯考顿和莱麦尔的航行失败了，但是，他们的壮举却被后世人记住，被后世人纪念。我们可以从美洲大陆最南端的合恩角和火地岛周边岛屿的名字中找到这次航行的痕迹。这两名船长是继麦哲伦之后最伟大的航海家。

1616年，斯考顿和莱麦尔沿着麦哲伦航线行进了7000英里抵达麦哲伦航线之后，决定放弃原先的环球航行计划，改道向南，去寻找神秘的澳大利亚大陆。

①喀拉海：拉丁美洲最南的岛，与拉丁美洲隔麦哲伦海峡相望。

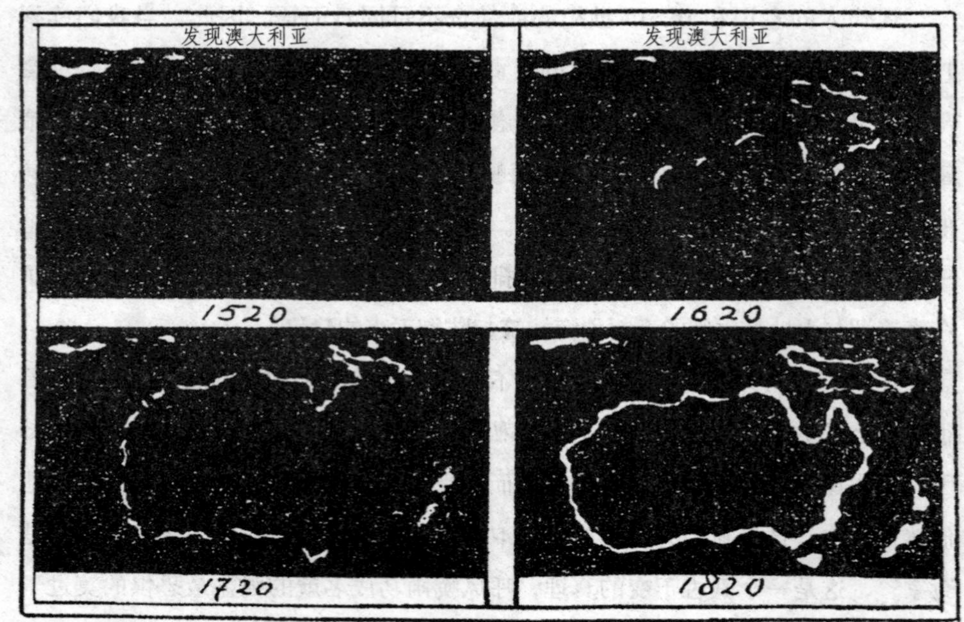

▲ 地图上逐渐出现的澳大利亚

如果你手里有一张1616年的地图的话，就会惊讶地发现上面的南美洲和南极地区以及澳大利亚大陆都是连接在一起的，而麦哲伦航线竟然被当时的人们看作是南极冰川延伸出来的一个缺口．其实，这一点都不奇怪，中世纪的人对地球了解有限，他们使用的地图大多不是经过实地探查而是通过个人想象绘制出来的。

斯考顿和莱麦尔的航行为人类认识海洋和地球提供了新信息。他们在开始进行远洋航行之前，就已经考虑到荷属东印度公司会拼命阻拦他们的这次行动。因此，在航行的过程当中，他们就竭力不让船队出现在荷兰人的势力范围之内，希望通过开辟一条新航路去往那个神秘的新大陆。另外，为了防止另外一个海洋大国西班牙的反对与迫害，他们甚至还有意将航线定在麦哲伦海峡以南的水域，尽量不让船只靠近火地岛。正是因为他们选择了一条其他人没有走过的航线，最终才发现火地岛只是一个岛而已，并不像地图上描绘的那样和神秘的南方大陆联系在一起。

由于两个人都出生于佐代尔泽的合恩镇，因此，就将他们最后发现的海角命名为合恩角。后人在看到这个名字的时候，总认为其因呈牛角尖状而得名，而事实上却不是这样的。

合恩角的北部有一个与火地岛隔莱麦尔海峡相望的小岛名叫斯塔滕岛，与纽约的斯塔滕岛重名。

从当时的法律层面上来看，斯考顿和莱麦尔并没有触犯荷兰的规定，他们钻了荷兰法律的空子。当时的荷兰律法只是规定除了荷属东印度公司之外的其他任何船只都不能踏进非洲航线半步，却并没有规定别人不能和印度群岛上的人有生意往来。因此，当荷属东印度公司将斯考顿和莱麦尔告上法庭的时候，他们都极力辩白，力证自己无罪。只可惜，荷兰法庭却不理会他们的辩白与申诉，而是做出了十分不公平的判决。

这件航海事件的最终判决巩固了荷属东印度公司的垄断地位，但公司的几名大股东们却都失眠了：他们唯恐在自己毫无察觉的情况下出现第二批强盗船队。他们将自己的忧虑转达给巴塔维亚当局，经过一番思考之后，巴塔维亚当局决定采取有效措施，派遣一支船队，赶在其他人之前找到那个神秘的南方大陆。

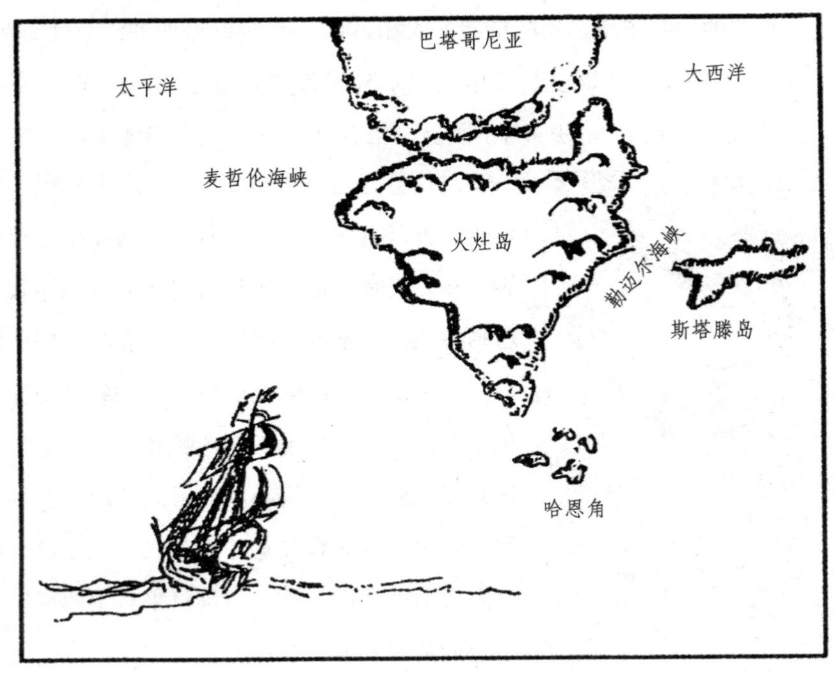

▲ 斯豪滕在 1616 年所走的路线

1642年，印度群岛理事会经过一番商议之后，决定将阿贝尔·塔斯曼所率的“泽哈恩号”与“海姆斯凯尔克号”两艘航船从爪哇返回毛里求斯岛，以该岛为始发站，一路向东，寻找那个曾经被杨斯位恩·哈尔托赫与豪特曼曾经看到的神秘大陆。

确定了目的地之后，按理说塔斯曼应该一直向南航行，以便确定新几内亚是否属于南方大陆的一部分。但是，塔斯曼却走到了基尔韦尔角，将那里当成了出发地。

现代人对于印度群岛理事会做出要求塔斯曼从非洲海岸线出发寻找澳大利亚大陆的决定感到十分不解。历史学家们经过分析认为，他们做出这个决定主要是因为一直没有走出托勒斯地图的框架。

一种风靡几个世纪流传甚广的观点即使被证明是十分荒谬的，也不可能瞬间就从地球上消失。这不仅仅是中世纪存在的现象，在我们的日常生活中也能经常碰到这种现象。比如现代有很多医生在给病人看病的时候会在不知不觉之中运用公元前5世纪的医学家希波克拉底制定的医学理论。再比如，今天在纽约市场上杀鸡的肉贩子所运用的屠宰方式和3000多年前的摩西并没有什么两样。

出生于1603年的塔斯曼长期生活在艰难困苦的环境之下，在30多岁的时候还只是荷属东印度公司的一名小职员。但总体来说，上天待他不薄。终于有一天，总督范迪门在众多小人物之中发现了他的才能，委以重任，让他带着船队去寻找盛产黄金的岛屿。当时，荷兰执政当局认为这些不知名的岛屿应该在日本的东部。现在来看，他们所说的黄金盛产地很可能就是夏威夷。一朝被蛇咬，十年怕井绳。自从出现了斯考顿和莱麦尔之后，荷属东印度公司的警惕心就变得高了起来。尽管他们不确定这些岛屿究竟是否存在，但无论如何都要派人实地考察一番，免得将来对手西班牙人赶在他们前面占据那些岛屿。

▲ 南美洲的合恩角

塔斯曼的远航并没有发现遍地黄金的岛屿，

却先于其他国家来到菲律宾地区，并且还从菲律宾一路北上到达日本本土。

尽管荷兰与日本本土相距甚远，但两个国家却长期保持了联系。不过，日本人对荷兰人并不热情，而是充满了狐疑与敌意。这当然不是日本人心胸狭隘，不容其物，而是因为先于荷兰人到达日本本土的葡萄牙人做得太过分了。第一批来到日本国土的葡萄牙人都是基督会的传教士，他们在 1549 年刚刚踏上日本国土的时候，还对当地政府表现得十分尊敬，不敢造次。后来，那些传教士们以上帝的教义为武器，拉拢了相当数量的日本人。当基督教的实力在日本本土取得一定的规模之后，这些不安分的传教士的真面目就暴露无遗了。他们鼓动新教徒尽情破坏当地的旧有的宗教，冲击官府，从而给日本的政局带来不稳定因素。为此，日本政府不得不向白种人提出警告，要求他们远离政治。

后来，西班牙传教士也踏上日本国土。他们的不请而至既给日本的执政者带来麻烦，也给欧洲人带来争议。因为按照托德西拉斯条约的规定，日本应该属于葡萄牙的势力范围，西班牙人没有权力踏上这片土地。但是现在，西班牙的传教士竟然无视条约规定，私自踏上葡萄牙的地区，那么，该怎样来惩罚他们呢？

欧洲的讨论还没有结果，日本的欧洲传教士却遭到当地政府的驱逐。这两个忠诚于基督却遵循不同教义的宗教团体为了争夺新教徒而在异国他乡争吵不休，甚至大打出手，极像今日的企业主为了争夺生产资源而明争暗斗。两派的争论让日本政府抓住了把柄，立即作出决定，以危害社会治安的罪名将这两派基督徒驱逐出境。

实事求是地说，日本政府在对宗教信仰这个问题上还是非常开明的，只要是臣民们服从统治，就能享有自由信教的权力。但是，总有一些不安分的西方水手借传教之名，打着政治上的如意算盘。他们经常采取这样的方式，来达到占有某个地区的野心，首先，通过传教士改变当地人的宗教信仰；然后，再从新教徒之中挑选出对当地政府不满的人对政府发动攻击；最后，再以保护教民的名义出动本国的军队，达到占领该地区的目的。日本人并不傻，很快就识破了他们的阴谋，于是就先下手为强，将这些野心勃勃的欧洲人赶出了国土。

日本政府首先勒令耶稣会在规定的时间之内离开，如果拒绝政府的命令或

▲ 幕府将军德川家康像

者是故意拖延，将会受到极刑。等耶稣会离开之后，日本政府就将教堂悉数焚毁，命令本国的基督徒重新信仰原有的宗教。

不过，耶稣会并不甘心就这样灰溜溜地离开。表面上，他们积极配合日本政府的命令，乘船离开日本国土。但是，离开没多久却又悄悄地返回了。他们并不畏惧日本政府的严刑峻法，更不考虑个人的人身安危，而是以空前的激情再度投入到传教的伟大事业之中。在他们的影响之下，日本的新教民也成为上帝忠实的信徒，甚至不惜以死殉道。

1616 年，日本的执政者是一个新幕府的将军[①]。处于幕府统治之下的日本对西方世界知之甚少，而西方人对这个东方岛国也感到十分神秘。

当时，日本的政治体制和法国墨洛温王朝末期的政治体制十分相似，国王只是名义上的君主，政权掌握在首相的手里，不过这种政治体制在法国并没有持续多长时间。公元 751 年，查理 · 马特大帝（他是欧洲基督徒的恩人，曾经在普瓦捷将欧洲人从穆斯林的魔爪中解救出来）的儿子丕平做了法国首相。他并不满足于做一个无冕之王，希望做一个名副其实的最高统治者。于是，他就向罗马教皇提出抗议，要求废黜墨洛温王朝的国王，给自己加冕。教皇经过慎重的考虑，就采纳了他的建议，将墨洛温王朝的最后一位国王发配到罗马的一个偏僻的修道院内，让丕平入主王宫。至此，墨洛温王朝退出历史舞台，加洛林王朝闪亮登场。

而日本的这种政治体制却延续了很长时间，在欧洲人抵达这里的时候，他

①幕府将军：1792–1867 年日本的军人政府。

们的双重政府制度已经运行了500多年。这个国家的皇帝号称天皇，在名义上是国家的最高统治者和军队统帅，但是他却并不参与该国的政府，整日躲在皇宫之中，臣民们根本就见不到他，国家的实际权力都掌握在幕府将军①的手中。

幕府将军在一开始的时候只是一个军事将领的称号而已，但是到了后来却成为日本的实际统治者。欧洲人来到这个国家之后，根本无法觐见天皇，只能和幕府将军打交道。尽管幕府将军一再宣称他们是按照天皇的旨意来行使管理国家的权力，但明眼人都看得出来他们是在说谎。

幕府是日本权力最大的政治集团，很多有实力的家族都希望掌控幕府，为此各大家族和各个政治势力之间，常常为争夺幕府将军这一职位而大打出手，兵戈相向。在11世纪的时候，幕府将军由藤原家族的人担任。没多久，源氏获家族就将这个位子抢了过去。到了14世纪，幕府将军的职位又成为足利尊家族的专利。到了1616年前后，掌握日本政权的变成了德川幕府，他们将欧洲的传教士统统赶出了日本本土。

毋庸置疑，我们对日本历史的学习与了解是在传教士进入日本本土之后才开始进行的。不过，由于文化的差异，我们根本无法完全理解这个国家的风土人情、文化风俗、政治体制。17世纪初期的欧洲人就更不用说了。当时，葡萄牙人和西班牙人试图在和日本政府打交道的过程当中逐步了解这个神秘的国家。但是，在和日本人打交道的时候，他们都在不同程度上干涉了对方的内政，因此就遭到当地人的强烈反对。而后来的荷兰人要比葡萄牙人和西班牙人聪明很多，他们只关注商业活动，只考虑怎样才能挣到更多的钱，从来不过问日本的政事，也不想着去改变当地人的信仰。因此，德川幕府就对他们充满好感，也允许他们在本国从事商业活动。

1616年，新上台的幕府将军焚毁了欧洲人建立的教堂，处死了大批对上帝忠心耿耿的耶稣会传教士，却给荷兰人带来了大好的机会。葡萄牙人和西班牙人被驱逐出境，就等于是为荷兰人去除了两个强有力的商业竞争对手。故而，当德川幕府着手摧毁基督教教堂的时候，荷兰人就欢呼雀跃，开心地看着幕府将军的人一起砸毁圣母玛利亚的雕像，焚烧绘有玛利亚的图片。当然，他们由衷支持德川幕府的决定并不仅仅是出于商业的考虑，还掺杂着宗教的因素。作为加尔文教派成员的荷兰人十分憎恨偶像崇拜的作风。就在几年前，他们故乡中的朋友们都将家乡的教堂和所有的神像通通捣毁，把能找到的圣像图付之一炬。

当然，荷兰人并没有在公共场合表示对幕府将军的支持，他们采取的是“事不关己，高高挂起”的态度。这是日本人的国土，他们爱干什么就干什么，和自己没有任何关系。荷兰人看重的是经济利益而不是宗教扩张。

1624年，西班牙人在日本的国土上失去了最后一个商业据点，而葡萄牙人也同时被迫迁往一个名叫Deshima的小人工岛上栖身。为了彻底让这帮外国人死心，日本政府就颁布了一条法令：严禁本国臣民和该岛上的葡萄牙人进行贸易往来，违令者杀无赦。但是，这条法令执行得并不彻底，因为许多人都对外面的世界充满好奇心，经常搭乘外国人的船只去未知的世界里游玩。法不责众，幕府将军只好做出妥协，转而制定了一条规定：一旦发现有人敢私造航船，就格杀勿论。另外，幕府政府还将国内与西班牙、葡萄牙有血缘关系的混血儿全部赶走。

尽管幕府将军制定了一项项严厉的法令，但狂热的耶稣会教徒们却依然心存侥幸，趁人不备，偷渡到日本去。无奈之下，幕府政府就又颁布了一条法令：葡萄牙的船只不得擅自驶进天皇的辖区，一经发现，水手立即正法，船只马上烧毁。

那些远在中国澳门地区的葡萄牙人对日本政府的所作所为感到空前的恐惧。他们并不愿意失去和日本人的联系，更不愿意成为日本政府的敌人。于是，他们就派出一个代表团来到日本，和德川幕府将军的人进行谈判，保证日后不再让耶稣会的人在日本传教。不过，对传教士深恶痛绝的日本人并不愿意和这些白种人达成协议，建立关系。他们杀掉了使团的4个使节和57名随从，让剩下的17个人带着日本政府的公文返回澳门，告诫葡萄牙人，“不要再打日本的主意，你们就权当这个国家在地球上不存在吧。”

这个骇人听闻的消息很快就传到荷兰人的耳朵里，他们认为，和日本人建立友好关系的时机已经到来了。现在，他们已经占据了中国的台湾地区，坚船利炮随时就能抵达日本长崎，无论是从地理位置还是从军事实力上，他们都有底气和日本政府进行接触谈判。

荷兰的船队并没有受到日本政府的欢迎。尽管日本人没有像对待葡萄牙人那样残忍，但德川幕府将军却总是寻找各种借口拒绝与他们见面，想尽一切办法去羞辱这些远道而来的客人。

在德川幕府大力推行排外政策、葡萄牙人被赶出日本国土的同一时间里，受范迪门总督之托去往日本东部寻找新岛屿的塔斯曼船队也出发了。这两者之间是否存在必然的联系，我们不得而知，但他的这次行动却无疑是正确的选择，这是因为德川幕府已经答应让荷兰人在Deshima岛上建立一个商业据点。

这个小岛上的环境简直是糟透了，它的面积很小，走上几百步就能将整个岛屿转完，四面环海，只有一个又窄又小的木桥和陆地相连，而桥上却站着荷枪实弹严阵以待的日本兵。那些东印度公司派往日本的代表根本就无法踏进该国的国土半步，只能蜗居在这个小岛上。日本政府不允许他们携带圣经或者是其他宗教书籍，也不允许他们的妻子和他们同住，更不允许他们使用公元纪年。曾经有一次，他们在一座刚刚竣工的仓库上不经意间写下“公元”的字样，就被日本政府勒令将整座建筑全部摧毁。日本人对基督教的东西深恶痛绝，绝不容忍在自己的国土之上出现和基督教有关的东西。

日本人允许荷兰代表团每年去到幕府进贡一次。不过，在幕府，他们非但得不到应有的尊重，反而饱受日本人的凌辱。他们既要用日本人的方言唱出滑稽搞笑的歌曲，还要故意装作喝醉学着欧洲水手的样子在地板上打滚，在大厅里踉踉跄跄走路。他们越是丑态百出，日本人就越兴奋。

▲ 坏血病的袭击

作为一个资金雄厚实力强大的经济组织，荷属东印度公司的代表竟然在日本政府面前卑躬屈膝摇尾乞怜，着实让人感觉于心不忍。不过，我们也不必过分同情他们，因为他们从这个国家里掠走了数额巨大的黄金，以至于日本的贵重金属在之后的200多年时间里一直呈现供应不足的状态，迫使后来的日本政府不得不在经济破产和对外开放的问题上做出艰难选择。

在1853年，一向闭关锁国的日本政府结束了自我封闭的政策，向美国敞开了大门，与其签订了商务条约。有人说这是在美国的坚船利炮挟持下的结果，有人则认为这是因为日本本土黄金不断流失造成的金融危机所导致。至于究竟是什么原因，历史界还没有定论，我也一直想深入研究一下这个问题。

在这里我需要申明一下，这一章的内容是讲述澳大利亚的，而我却讲了很多“无关”的话题，让正章的内容显得十分散乱。这并不是我刻意而为之，因为要想把发现澳大利亚这个问题解释清楚，就不得不触及当时的政治格局、地理知识、其他国家的风土人情等。

下面，我们继续谈论一下太平洋吧。这个地球上最大的水域距离欧洲的文明中心有几千英里。由于路途遥远，中间又没有几个中转站，那些可怜的水手们通常都会在未到达好望角之前就得病或者是死亡了。即便是走到了好望角，也并不代表没有危险，因为他们还要花费6–8星期的时间才能穿过浩瀚的印度洋，最终到达马来群岛。马来群岛是荷属东印度群岛的重要组成部分，面积相当于美国从旧金山到波士顿的这一块区域。

航船穿过马来群岛，就能抵达太平洋的边缘地带。再往前走，就是迄今为止人们还不曾完全探测过的地区。在这一片浩瀚的海洋里，依然有一些不知名的小岛不曾被人发现。当然，也可能是被人发现之后却又被遗忘了，总之它们没有在地图上出现过。

▲ 澳大利亚的海岸十分危险

了解了上述内容，你就能够清楚地意识到想要在太平洋上立足需要面临多大的困难，既缺少准确性高的地图，还要面对随时而来的海啸袭击，又极有可能被狂风带到美拉尼西亚或者是密克罗尼西亚的岛屿，成为茹毛饮血的土著人的餐中之物。

假如你是一名观光船上的游客，导游指着一个地方告诉你："你看，那个羚羊满地跑的小岛，现在还住着喜欢吃人肉的土著。"那么，你一定会觉得非常刺激，十分好玩。但是，如果你是一名远航的水手，和二三十个伙伴们一起在茫茫的大海中寻找新航向，别人告诉你不远的荒岛上经常有食人族出没，那么，你的心情必将是恐惧大于新鲜感。

《澳大利亚百科全书》中的第二卷 W 章中有一篇"海滩上失事的船只"的文章。在这篇文章中，你能够找到 1622 年以来在澳大利亚地区的所有失事记录。翻阅这些记载的时候，你绝对不会拥有阅读的快感，而是会有一种空前恐惧的人生体验。尽管编者用一种简洁朴素的语言介绍了那些不知名航船的遭遇，但我们却从这些冰冷的文字中体会到那些水手们的不易。

我摘抄了几段文字，读者不妨阅读一下：

1839 年 4 月前后，一艘从昆士兰驶往珊瑚海的"美国号"航船在途经托雷斯海峡时失事。5 名水手命丧大海，1 名妇女被土著人救起，直到 1849 年才被"巴西克里斯号"船用重金赎回。想象一下，一个优雅高贵的白人妇女竟然和野蛮落后的土著人在一起生活 10 年之久，那是一种怎样的孤独与痛苦！

波士顿猎鲸船"奥特号"在去往杰克逊港的途中救了一个名叫苏格兰的人，后来，船只在哥伦比亚失事，只有两名水手生还，其他人皆被印第安土著人杀害。

从杰克逊港出发，准备运送檀香木到斐岛的"詹妮号"船在 1808 年 7 月 29 日返航不久即搁浅，洛克比船长和 3 名水手被困在海上长达两年。

押送囚犯的"海岸女郎号"船在 1798 年驶往悉尼的途中被暴动的囚徒所控制。船长的心腹被扔在一艘小船内随风游荡，囚徒们驾船驶往蒙得雅的亚，投靠了当地的西班牙人。不过，西班牙人并没有以礼相待，反而吊死了囚徒的首领，扣下了船上的货物之后，又将其他人引渡给英国政府。

太平洋中的惨案数以千计，书写者在记载这些事情的时候都变得麻木了。因此，一个个血腥残忍的灾难被他们用寥寥数语来打发掉就已经不难理解了。比如，他们这样记载"恩惠号"船失事的过程：1789 年 4 月，"恩惠号"水手在塔布发动叛乱，杀死船长布莱，驾船驶往皮特凯恩岛，上岸后，水手们将船付之一炬。

每一次航海事故都被冰冷而又简洁的文字记入《澳大利亚百科全书》，如果你能够耐心地看下去，就能够看到悉尼入海口处那起最惨烈的灾难。

多年前，出版商安格斯罗伯逊赠给我一本，对阅读小说已经感到厌倦的我顿时有了阅读的兴趣。读完之后，我对书中记载的先驱者们产生了深深的敬意。如果你身边有一本《澳大利亚百科全书》的话，就不妨和我一样，认认真真地把它读完，到时候你就能明白我在上面几段中引用的内容在人类的航海史上占有何等重要的地位，也能理解我为什么以凌乱而又毫无逻辑的形式书写本章的内容：在17–18世纪，每一个国家都存在着相当数量的冒险家，他们对金子、香料充满无尽的欲望。为了抢在别人面前找到这些财富，每一个船队都必须尽快航行，争取在最短的时间之内发现香料和黄金。这些鲁莽的远征探险者们为了金钱能将一切都置之脑后，像无头苍蝇一样，在茫茫大海之中航行，朝着他们所谓的梦想前进。

在人类航海史上，太平洋的发现和探险史最富有戏剧性也是最让人心驰神往的一章。我们知道，几乎所有的海上航行都是在一种极其孤独的条件之下进行的。其中，太平洋上的航行则是孤独之中的孤独，这种孤独远远超出人们的想象。在一望无际的洋面上，支撑着这些孤独的水手继续前进的，只是那个虚幻而又渺茫的发财梦。

讲完短暂的插曲之后，我们再回到艾贝尔·塔斯曼的航行上来吧。现在，他已经做好了第二次扬帆的准备。这次，他立志要发现澳大利亚大陆，即使不能踏上这片神秘的土地，也要看到它三个边缘的轮廓。

按照总督的指示，塔斯曼率领的5条航船之中的“泽哈恩号”船与“海姆斯凯尔克号”船率先抵达毛里求斯，并从那里转道向东航行。塔斯曼率领其余的3条船花费7个星期的时间穿过了波澜不惊的印度洋，发现了第一块土地。这位东印度公司的忠实员工将这块不知名的大陆用雇主范迪门的名字命名。不过，塔斯曼的运气似乎是差了点，由于航线偏南的缘故，直接导致澳大利亚大陆与其失之交臂。而那块以范迪门命名的新大陆，位于澳大利亚以南120英里的地方，被后人们称为“塔斯曼岛”。

现存的塔斯曼的航海报告中有以下记录：“1642年11月24日黄昏，我们在航船的东北方向看到了两座大山。”1798年，来到此地的弗林德斯船长为了纪念这两座大山的发现者，就将其命名为泽哈恩山和黑姆斯凯尔克山。

1642年12月1日，塔斯曼来到新大陆上进行实地探测。在这里，他隐隐约约地听到了鼓鸣的声音，但却没有找到土著人的影子。不过，由于他在树上看到了“人工砍伐的痕迹”和树下堆积的动物粪便，就推断出这个岛上的的确有人和动物在居住。其实，他原本可以在岛上多呆几天，直到在此发现人类之后再返航。只可惜，上峰下达了命令，要求他迅速返回，对雇主忠心耿耿的塔斯曼就这样放弃了对新大陆的勘测。

塔斯曼命人在桅杆上升起七省三级议会的大旗，继续航行，在抵达海岸尽头之后又调转船头，向东北方向航行。1642年12月31日，塔斯曼在船队东北方向15英里左右的地方发现了两座高山。凑巧的是，“海姆斯凯尔克号”和“齐恩号”航船也在此抛锚了。

次日清早，“海姆斯凯尔克号”和“齐恩号”的大小头目们来到塔斯曼所乘的船上商议登陆事宜。在开会期间，他们发现了一些毛利人的武装独木船。于是，“泽恩号”船长当机立断，迅速派出小帆船去进行拦截。只可惜，那只小帆船被毛利人击沉了，7名水手只回来3名。塔斯曼大为恼火，命令炮舰朝着毛利人的独木船开火。但为时已晚，毛利人早就兴高采烈地扛着4具尸体离开了。

▲ 海中的帆船马上要撞上礁岩

其实，这种事情并没有什么值得大惊小怪的。和白种人滥杀

▲新西兰被塔斯曼发现

无辜的暴行相比，毛利人的所作所为简直不值一提。我想，塔斯曼之所以怒火中烧，很可能是因为他在之前还没有遇到过类似的情况，也没有做好充分的准备，所以在土著人对他们进行偷袭的时候感到莫名惊诧。不过，塔斯曼并没有继续和毛利人作战，而是选择了绕岛航行。因为他人手不足，在没有绝对把握的情况下，绝不敢轻启战端。4 名水手丧生的地方让塔斯曼久久不能释怀，愤愤之余，他就将这个海湾诅咒为“恶棍湾”。

为什么毛利人会对塔斯曼的部下痛下杀手呢？直到 300 多年之后，这个谜团才在惠灵顿被揭开。惠灵顿的博物馆里展出了一件在“恶棍湾”的水面上打捞出来的 16 世纪末期西班牙人戴的头盔。从这个头盔上，我们完全可以推断出，在塔斯曼抵达之前，就有西班牙船只到达过这个地方。当时的西班牙人心狠手辣，无恶不作，喜欢以迫害异教徒为乐。那些西班牙水手们来到“恶棍湾”之后，很可能和在其他地区一样，抓来几个土著人，将其吊死在桅杆上，然后再去寻找新的海岸。在西班牙人看来，这件事不足挂齿。但是，在毛利人看来，这却是奇耻大辱、血海深仇。因此，在几十年后，毛利人看到了和西班牙航船十分相似的大帆船之后，就认为报仇雪恨的机会终于到来了。于是，他们迅速出击，杀了 4 名荷兰人，并将他们的尸体当成餐中之物——可怜而又愚蠢的毛利人，误把恩人（荷兰人是西班牙人的死敌，从某种意义上来说也是毛利人的盟友）当成了仇人。

当然，如果仅仅从惠灵顿的一顶头盔上来推断这个故事的话，就难逃牵强附会之嫌。不过，做出这种推断并不是空穴来风，凭空臆造。须知，今日新大陆的土著们之所以依然对白种人恨得咬牙切齿不愿意和他们打交道，就是因为他们从长辈那里听说了白种人的暴行，对白种人的仇恨意识已经融到了他们的血液中。

毛利人绝不会平白无故地就对远道而来的客人痛下杀手，我想他们在杀掉 4

名白人水手之前，肯定做过长期的准备。

平白无故地失去4名心爱的水手，心灰意冷，伤心欲绝的塔斯曼一刻也不想在这个鬼地方停留，他吩咐船队速速开拔，远远离开这个伤心之地。真可惜，澳大利亚大陆就这样从眼皮底下溜走了，如果没有这场意外，塔斯曼的这次航行就功德圆满了。

▲ 白人不愿登上新西兰岛

塔斯曼率领船队从新西兰一路北上，抵达汤加群岛。在这里，他发现当地的土著比在新西兰海岸遇到的要热情得多，也友好得多。他注意到，当地人仍处于原始社会文明之中，财产共享，没有私有观念，更没有偷盗意识。如果某个人发现别人有好东西的话，完全可以在未经对方同意的情况下拿来使用。假如你发现当地人从航船上“偷走”了你的财物并在他们的住处人赃俱获的话，非但不会遭到同情，还极有可能被他们当作怪物来嘲笑。

和在新西兰时一样，塔斯曼希望用美妙的音乐来和土著人进行沟通。从航船上下来之后，他命令随行的乐队在汤加群岛上举办了一个小型音乐会。小提琴、管笛和小号演奏出美妙的音乐，让土著人对他们另眼相看，也对其充满好感。

▲ 为祖先报仇

离开汤加群岛，塔斯曼继续向西航行，抵达斐济，然后再从那里沿着一个圆弧继续航行，途经所罗门群岛和新几内亚以北几百英里的水面，再以西里伯斯①为起点，最终抵达巴达维亚。

①西里伯斯：位于大洋洲和亚洲大陆架之间的一个岛屿，属于印度尼西亚。

尽管塔斯曼没有登上新大陆，但我们并不能判定他的航行失败了。在这次航行中，他发现了许多新的岛屿和领土，对地理科学做出了巨大的贡献。这次航行有力地证明了神秘的澳大利亚大陆位于一个圆圈之内，而这个圆圈则将爪哇、塔斯马尼亚[①]、新西兰、汤加群岛和西里伯斯囊括在内。这次航行给地理学家们提供了新大陆的大致位置，日后若想找到它，就没有必要再走远路和弯路了，只需收缩圆圈，向圆心航行即可。

范迪门是一个想象力丰富而又坚持不懈的人。他决定再次让塔斯曼组织一支船队进行新的远征。1644 年，塔斯曼率“泽米乌号”、“利门号”和“布拉克号”三艘战船准备再次出发。这次，范迪门告诉塔斯曼在找到新大陆之后不用着急返航，可以继续向东，抵达智利，和当地的西班牙殖民政府结成“同盟”。当然，与西班牙人改善关系结成同盟的说辞并不可信，范迪门不过是想让塔斯曼在这次航行之中多占领几个南美大陆的小岛，好让荷属东印度公司在那里建立几个军事商业基地进而控制整个太平洋罢了。

这是一项经过深思熟虑之后的决定，也是一个深谋远虑的方针。只可惜，这一建议竟然被东印度公司的荷兰高层主管们否决了。用今天的观点来看，这些高高在上的主管们都是一些坐井观天、鼠目寸光没有长远打算的鼠辈，眼里只有荷兰国而没有全世界。他们既没有见过也不想见到那些热带岛屿，更对那些岛屿的军事价值和经济价值缺乏一个正确的认识。当范迪门的报告呈交上去之后，他们竟然做出了这样的回复：亲爱的范迪门，不要再画蛇添足多此一举了，东印度公司发展到现在这个规模已经很不错了，你还是忘了那个神秘的南方大陆吧。

这些主管们认为，澳大利亚没有任何价值可言，荷兰人再富有也不能在它身上浪费金钱。当然，他们的考虑也并不是一无是处。如果他们支持范迪门的决定的话，塔斯曼将军必然会给东印度公司的版图上增加几十平方英里的新土地，也必然能将东印度公司的旗帜飘扬在新大陆的上空。但是，发现了澳大利亚大陆又能怎么样呢？是不是就能给本公司带来源源不断的财富呢？谁也不敢

①塔斯马尼亚：澳大利亚的一个岛州。

打保票。既然如此，他们又有什么理由冒着公司破产的危险而支持这次航行呢？更何况，荷兰共和国只是一个120万人的小国，就连维护美洲的财产都人手不足，又从哪里寻找大批人去管理那个幅员辽阔的新大陆呢？如果听从范迪门的建议，那么，荷兰共和国很可能就会重蹈在荷兰、巴西以及七大洋[①]那些不计其数的殖民地的覆辙。

荷兰共和国在取得独立之后，一直在走迅速扩张的道路。在短短的50年里，他们占有了一块又一块新土地，以至于在管理上显得力不从心。为此，他们需要暂停一下扩张的步伐，着力整顿一下国内事务。因此，最高当局就向巴达维亚下达命令，明确要求停止一切探险活动，不准对任何航行进行赞助。

我们并不能拿今天的标准去要求17世纪荷属东印度公司的高层主管们，指责他们鼠目寸光，心胸狭小。须知，这些先生们必须为他们的股东负责，不能做出危害股东利益的决定。

荷属东印度公司的管理者们都是非常现实的人，不好高骛远，不喜欢让自己沉浸在虚幻的白日梦中，他们明白公司拥有什么样的实力，也懂得在急速扩张之后适时地停下脚步。尽管他们已经作古，但他们却留给了子孙一个组织严谨、生命力强、上下一心的殖民大帝国。

在荷属东印度公司组织的航海活动中，范迪门和他忠实的下属塔斯曼做出了卓越的贡献。只可惜，他们的努力并没有得到相应的回报，以至于让他们终日抑郁寡欢。不过，像这种付出没有回报的事情在探险界是屡见不鲜的，他们不是第一个，也不是最后一个。

我再大致向读者们介绍一下塔斯曼最后一次的航行吧。这次，他率领船队从北岸出发，沿着托雷斯海峡航行，终于找到了传说中的澳大利亚大陆。

在前几次航行中，塔斯曼和他的团队并不重视托雷斯海峡。而这次出发之前，范迪门作出指示，无论如何都要设法找到38年前由“德伊弗肯号”船长杨斯左恩发现的基尔维尔角。

在这次航行之中，塔斯曼还解决了新几内亚和澳大利亚大陆是否连接在一

①七大洋：指南北太平洋、南北大西洋、南北北冰洋和印度洋。

▲ 人们向往于18世纪小说中描绘的南方大陆

起的问题。托雷斯在其航海报告中并没有提到这个问题，也可能是提到了而没有受到足够的重视。否则，塔斯曼就不会从巴达维亚那些漏洞百出的信息中寻找航海资料了。

那些漏洞百出的资料绝大部分是由荷兰水手卡斯塔佐恩和范科斯特收集的。1623年，“佩拉号”和“阿纳姆[①]号”航船去往澳大利亚北部海湾探险的时候，他们都跟着去了。返航之后，他们向巴达维亚当局报告说，新几内亚和南方大陆之间的海峡水太浅，水面狭小，船只无法通过。事实上，这个海峡并不是他们在报告中叙述的那样，很可能是因为他们在航海的途中遇到了迷宫一样的通道找不着出路才得出这么一个结论。

塔斯曼的航行也可能会得出和那两个人同样的结论，因为在这次航行中，他来到了今日的约克角之后就调转船头，一路向南，直奔卡本塔利亚去了，如果没有遇到困难的话，他是不会改变航程的。

在约克角，塔斯曼绘制了十分精确的航海地图。然后，又沿着澳大利亚大陆的北岸向西航行，经过帝汶海，最后到达早在1616年就属于荷兰共和国的太平洋小岛哈尔托赫。

一路上，塔斯曼都在仔细测量航船所到之处的水深，给人们提供了第一个精确可靠的澳大利亚西部和北部的地图。按说，塔斯曼在抵达哈尔托斯之后应该继续航行，但他却在那里结束了航程，返回了爪哇，这个匪夷所思的选择让人百思不得其解。他的这个决定让雇主范迪门大为光火，因为当时他们已经搞清楚了澳大利亚大陆西部、北部和南部的海岸，却硬把东部的海岸给放弃了。

①阿纳姆地：澳大利亚东北部的一个地区，现在是澳洲土著居民的聚集地。

我想，塔斯曼返回爪哇应该有他自己的原因，很可能是他对这个新大陆感到绝望有关。这片神奇的大陆彻底颠覆了他对世界的认识：鸟儿不是翱翔天空而是在陆地上奔跑；哺乳动物虽然长着腿却不能走路；白天鹅走到这里也变成了黑天鹅。塔斯曼回到爪哇之后，被荷兰当局任命为印度群岛最高法院的大法官，同时还做了一名协调葡萄牙与荷兰之间矛盾的荷兰代表。

完成了航海任务，塔斯曼就成为荷兰的官员，代表他的国家先后去往暹罗、菲律宾等地，直到1653年从荷属东印度公司退休。

塔斯曼卒于何时，史书上没有确切的记载。我们只知道，在1659年之后，他就销声匿迹了。这位伟大的航海家将会在人类的航海史上留下重重的一笔。他发现了澳大利亚大陆，解决了困扰人类长达2000多年的地理学难题。他的发现告诉人们，魂牵梦绕的新大陆并不是想象中的世外桃源，而是一个气候干燥寸草不生的沙漠而已。

最后一个来到澳大利亚大陆探险的荷兰人是在一种迫不及待的心情之下离开这里的。他急匆匆地跑过哈尔托赫的锡牌，并在那里朝天放枪，借此来表示对这个新大陆的厌恶与诅咒，等发泄完毕之后，他就如释重负地返回爪哇。这并不是这个探险家的错，事实上差不多每个来到这个神秘大陆的人都有一种到达俄斐[①]的感觉。

航海家和水手们提起澳大利亚大陆就谈虎色变，因此长时间，很少有人再踏上这片神奇的土地。直到1688年，才有一个名叫丹皮尔的英国亡命之徒出现在这里。他不是一个探险家，甚至连水手都不是，而是一个被西班牙四处通缉的海盗。

▲ 到了才知道那里是一片荒凉

在这里，我需要对这位“英雄人物”富有传奇色彩的一生做一番叙述。由于他经历了很多让人难以相信的经

①俄斐：神话故事中的黄金盛产地。

历，所以在叙述的时候，就要占据相当多的篇幅。

丹皮尔出生于1652年，自幼就希望做一个腰缠万贯的商人，但他又不愿意和其他循规蹈矩的经商者一样，通过辛勤的劳动来赚取财富，而总是想着大发横财。大概在14岁的时候，他的父母双双死亡，失去了管束的丹皮尔决定到外面的世界闯荡一番。

15岁那年，丹皮尔在一条航船上做起了童工，并随船只前往纽芬兰。6年之后，发育成熟的他已经成为一艘开往爪哇岛的军舰上的英俊海员。但好景不长，他因为身染重疾，不得不返回故乡。

身体康复之后，丹皮尔又去了牙买加。之后，又来到墨西哥的尤卡坦，在那里做起了洋苏木生意。当时，尤卡坦属于西班牙的殖民地，外国人如果擅自闯入的话，就会有杀头的危险。生性胆大的丹皮尔并不惧怕西班牙人的严刑峻法，索性做起了海盗，专门袭击西班牙的商船。

在做海盗之前，丹皮尔召集了一群英国的亡命之徒，聚集在一起，准备洗劫富裕的巴拿马城。由于西班牙人事先知道了消息，结果导致这次计划流产。从那之后，丹皮尔就死心塌地地做起了海盗，他利用从别处偷来的四条船，在哥伦比亚沿海地区实施抢劫。刚开始的时候，他抢夺了很多财富，但好景不长，西班牙人再次成为他的克星。船毁财失，丹皮尔一行不得不垂头丧气地从巴拿马地峡返回。返回途中，大部分同伙被疾病夺去了生命，幸存者历尽千辛万苦才抵达弗吉尼亚。

在弗吉尼亚，丹皮尔只呆了1年零1个月的时间。生性不安分的他不甘心就这样失败，决定重整旗鼓，再次出发。于是，他想办法弄到一条船，纠集残余势力，绕过合恩角，去往南美洲的西海岸，准备在那里大干一场。

在去往南美洲西海岸的航行中，丹皮尔一伙靠抢劫为生。在途中，他遇到另一条由斯旺率领的海盗船。两伙海盗一合计，决定结为同盟，去加勒比海实施抢劫。于是，两个船队就一起北上，在途中专门袭击西班牙的城市，并将遇到的西班牙商船洗劫一空。到后来，丹皮尔又乘着“小天鹅号”航船再度来到太平洋地区。

两伙强盗在1686年3月上旬抵达墨西哥海岸。在这里，他们准备休息一段

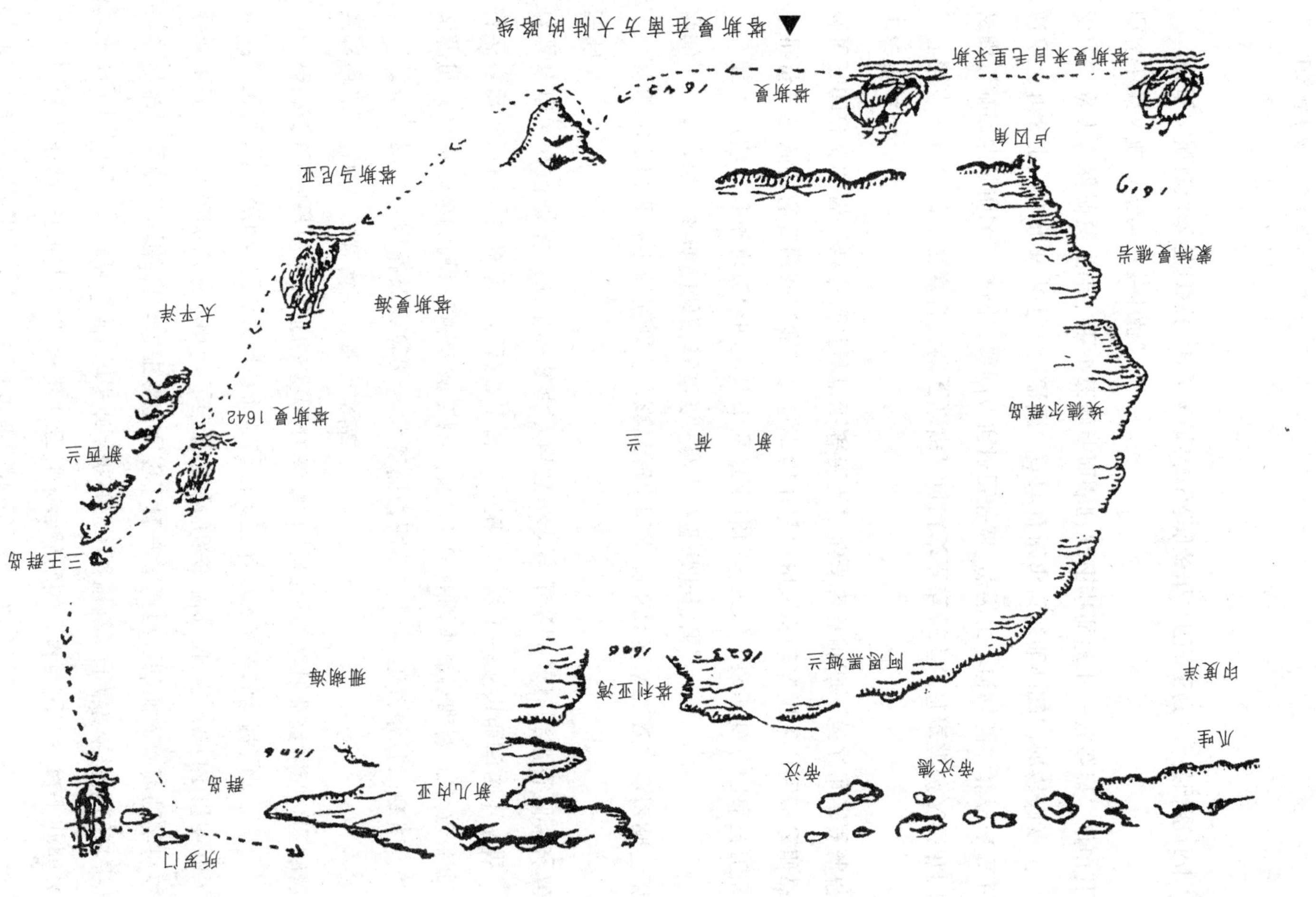

▲塔斯曼在南方大陆的路线

时间，待补充完供给之后，去往马里亚纳群岛之南的关岛。

在接下来的一年时间里，海盗们在马来半岛的海域里度过了一段平静而又富足的生活。他们在交趾支那[1]和东京湾抢劫了大量财物，过着骄奢淫逸的日子。

后来，他们决定南下寻找那个在地图上被称为新荷兰的国家。他们为什么会在生活十分安逸的情况下做出这种有风险的决定呢？对此，我们不得而知。我想，可能是因为他们在马来西亚半岛遇到了强大的敌人才转移阵地的吧。

经过漫长的航行，海盗们终于在 1688 年 1 月抵达澳大利亚西北部地区的拉赛佩德岛。现在，该岛属于丹皮尔水域。

“小天鹅号”航船在经过海水的长期浸泡之后，已经变得有些破旧了，要想再进行下一步的航行，就必须大修一番，于是丹皮尔就将船停在小天鹅湾。趁着修船的空档，丹皮尔专门到岛上转了一圈，了解了一下当地的风土人情。这是在白人发现澳大利亚大陆 8 年之后第一个登上大陆并且亲眼见到当地居民的人。

丹皮尔不仅是一个航海高手，察言观色的本领更是无人能及，他接触了当地的土著人之后，对他们的形象做了一番十分准确的描述。

若干年后，丹皮尔在他的著作中直言不讳地说道：“这里的人们是我在这个世界上见到的最悲惨的民族。”丹皮尔坦言，和这里的人相比，他在之前曾经见到的最差的岛屿完全可以称得上是天堂，那些最肮脏的土著人也完全称得上是绅士。

两个月后，“小天鹅号”修复完毕，可以安全返航了。丹皮尔等人经苏门答腊岛驶向印度地区。期间，他们在尼科巴群岛[2]停留了一段时间，并在该岛上放逐了几名不受欢迎的水手。很遗憾，这次丹皮尔也被他们的同伙给抛弃了。不过，水手们对他还不错，至少在抛弃他的时候还给他留下一笔金钱，可以让他从土著人那里买到一条小船。

丹皮尔被放逐之后的航行中多次遇到飓风的袭击。不过还好，尽管险象环生，

①交趾支那：越南南部的旧城。

②尼科巴群岛：孟加拉湾东南部得群岛，属于印度。

他依然驾着小船平安到达苏门答腊岛，接着又从那里出发，抵达本科伦，在本科伦，丹皮尔遇到几个好心人，被他们带回英国。

那些抛弃了丹皮尔的水手们却没有那么幸运了。在两年之前，“小天鹅号”航船在马达加斯加岛海岸沉水，船上人员无一幸免，悉数遇难。丹皮尔听到这个消息之后，那种兴奋之情简直无法形容，或许他的心里在暗暗感激上苍有眼，慨叹恶有恶报吧。

丹皮尔回到英国的时候，并不是孤身一人。颇有头脑的他在本科伦市场上买了一个带有纹身的菲律宾人。丹皮尔考虑到英国人从来没有见过纹身的真人，如果能把这个菲律宾土著人带到伦敦的“鲜活王子”展览馆上，一定能大赚一笔。

来到英国之后，丹皮尔的计划并没有实现。由于此时的他已经身无分文，根本就拿不出多余的钱来租借展厅，万不得已之下，他只得将自己千辛万苦带回来的菲律宾纹身土著人倒手转卖给其他人。

穷困潦倒的丹皮尔为了糊口，就想通过出版游记来赚取生活费。于是，他就写下一部《新航海游记》。为了纪念这次航行，他专门在游记的扉页上写下这么一句话：“谨以此书献给哈利法克斯①”。

《新航海游记》出版后，很快就引起英国政府和国民的关注。当时，英国政府正在积极对外扩张，准备在巴拿马地区建立起自己的殖民地。尽管政府的计划夭折了，但在实施这项计划的时候，丹皮尔却备受王公贵族大小官员的器重，因为举国上下只有他一个人去过美洲地区，对当地的地理环境和风土人情有所了解。

丹皮尔拥有超乎常人的好口才，因此就备受英国海军部官员们的信赖。经过慎重的考虑，海军部决定请他率舰队重返太平洋，在新荷兰的海岸建立一个属于英国的殖民地。

三十年河东，三十年河西。50年以前，荷兰总督范迪门准备通过占领澳大利亚大陆的方式来防御英国人的进攻。50年之后，却轮到英国人想通过占领新荷兰的方式来防备荷兰人了。

---

①哈利法克斯：1714年的英国第一财政大臣，被封为伯爵，政治派别属辉格党。

▲ 库克群岛中的拉多汤加岛

按照英国人的计划，如果能够在爪哇之南建立一个军事要塞，就能对荷兰人起到震慑作用，在军事行动中占据上风。当然，实现这一计划的前提必须是丹皮尔愿意担当此次航行的领导者，乐意再次领船前往太平洋。那么，现在的丹皮尔究竟在忙些什么呢？

其实，赋闲多日的丹皮尔早就厌倦了眼下无所事事的生活，很希望返回大海做些事情。因此，在接到英国海军部的邀请之后，他就爽快地答应了。

1699年1月14日，丹皮尔的船队起锚出发了。现在，他的身份已不再是海盗，而是变成了英国海军的舰长，指挥着一条重达200吨、配有12门大炮、50名水手和两年粮饷的豪华军舰。

从表面上看，丹皮尔威风凛凛，风光十足，英国政府似乎给足了他面子。但是，航行一段时间之后，他发现新雇主对他并不怎么样。虽然军舰装备精良，但水手们的表现却总是差强人意，这50名水手好吃懒做，顽固不化，目无军纪，喜欢犯上作乱。和这样的人同船共事，后果可想而知。为了减少困难，早日抵达新荷兰，丹皮尔决定放弃西行路线，改道好望角。因为他知道，好望角的天气要比合恩角好很多。

丹皮尔的运气不错。1699年9月，舰队到达达豪特曼岛（这个小岛是弗雷德里克豪特曼在1619年发现的），几天之后又抵达鲨鱼遍地的鲨鱼湾。

在鲨鱼湾，丹皮尔没有找到淡水，只好驶向罗巴克湾。不过，在罗巴克湾非但没有找到淡水，还遭到当地土著人的攻击。丹皮尔率领患有白血病的水手仓促应战，最后苦战不支，败走帝汉岛。水手们在帝汉岛整整休息了三个月，才恢复元气。

水手们恢复体力之后，丹皮尔下达了再次出发的命令。当时的丹皮尔尽管已经对新大陆有了一个大体的认识，但却把新几内亚也看成该大陆的一部分。因此，他就带领船队向北来到斯考顿岛，然后又一路向东，直奔新爱尔兰和新不列颠[1]而去。

丹皮尔在新爱尔兰和新不列颠见到了海拔2500多英尺的山上喷出耀眼火焰的画面，感到十分惊讶。现在，这些火山依然存在，只不过远不能和当初相比了。在丹皮尔到达之前，这里一直出现火山喷发的情况。几百年后，由于火山喷发次数过多，巍峨的高山上已经是碎石遍地，而这座火山的高度也被削减了250英尺。

探险从来都不是一帆风顺的，每次探险都需要花费大量的时间和精力。4月到了，信风将“罗巴克号”船吹得偏离了航向。如果没有这次意外的话，丹皮尔就一定能够来到新几内亚的东部海岸，也能抵达澳大利亚大陆的东海岸。如果能这样的话，70多年之后的詹姆斯·库克船长就不可能在航海史上留下姓名了。只可惜丹皮尔没采取任何行动，而是任由信风将其吹回原处。

1700年7月3日，丹皮尔抵达巴达维亚。在这里，他以英国皇家海军的名义坚持要求荷兰人以礼相待，要求他们鸣炮欢迎，降旗致礼。在巴达维亚，丹皮尔对“罗巴克号”军舰进行了一次大规模的整修，这次整修足足用了三个多月的时间。

1700年10月，丹皮尔从爪哇出发，准备经好望角返回英国。1701年2月，“罗巴克号”军舰在阿森松岛失事，丹皮尔侥幸捡回一条性命，但他的全部文件和航海仪器都沉入海底。水手们挣扎着上了岸，搭起帐篷，等待救援。两个月之后，一艘英国军舰途经此处，将水手们救走。

尽管丹皮尔已经年过半百，却没有任何衰老的迹象。他本人也不愿意过早退休，返回故乡过一种悠闲的田园生活。不过，他对太平洋的探索就在这次活动结束之后戛然而止了。

回国之后，丹皮尔将自己的发现呈报给海军总部，并建议在新荷兰建造一座军事堡垒。但是，海军总部却认为，这样做无疑就是在赤裸裸地向荷兰总督发起挑战，就委婉拒绝了丹皮尔的建议。但是，英国人并没有停止对外扩张的步伐，1703年，他们又派丹皮尔率领两艘军舰去往南美洲地区悄悄地进行掠夺活动。

丹皮尔1703年的航行对我们的生活产生了直接的影响。在这次航行中，

①新不列颠：西南太平洋中俾斯麦群岛内的最大岛，属巴布亚新几内亚。

他们将一个名叫塞尔扣克的不合群的家伙流放到智利海岸以西400英里处的胡安——费尔南德斯群岛[①]。5年之后，丹皮尔再次率领船队经过胡安——费尔南德斯群岛时，惊讶地发现塞尔扣克竟然还活着！丹皮尔和手下人商议了一下，就决定宽恕这个桀骜不驯的家伙，把他带回英国。

1703年的航行，是丹皮尔一生之中获得财物最多的一次航行，他给英国海军带来几百万元的财富。不过，财富数量巨大是好事也是坏事，英国人在分配战利品的问题上耗费了数年时间。到了1919年，英国人才计算出丹皮尔赢得的财富。只可惜，为时已晚，丹皮尔在四年前就已撒手人寰了。

那个被丹皮尔放逐的水手塞尔扣克却是一个不折不扣的幸运儿。他比丹皮尔多活了4年，在回国之后，不仅被英国皇家海军授予上尉军衔，还被人们视为鲁滨孙一样的英雄人物。

鲁滨孙是《鲁滨孙漂流记》中的一个人物。该书分为上下两部。1719年4月25日，上部出版。没过几个月，下部也和读者见面了。这两部书的作者是同一个人，名叫丹尼尔·笛福。

这两本书出版的时候，笛福已经是一个年近耳顺的老人了（他出生于1661年）。他的一生历尽沧桑，从一生下来就要面对各种各样的磨难。受家庭环境影响，笛福从来就不信奉国教，并一心向荷兰改良教会的倡导者威廉三世[②]学习，以反对国教为己任。他曾经出版过一本《对待非国教信徒最方便的方法》的小册子而遭到执政当局的惩罚，被处以罚金、监禁、游街示众。谢天谢地，好在执政当局没有割掉他的耳朵。你应该知道，直到18世纪初期，被称为人间天堂的新荷兰依然保留着原始而又残酷的刑罚，那些不为当局所喜的罪犯们经常被处以酷刑。

笛福属于鲁滨孙·克鲁索文学学派的代表，而这一文学流派的创始人则是德国北部的格里梅豪森。格里梅豪森在10岁的时候被一帮兵痞拐到军营里，在

①南德斯群岛：地处太平洋南部，接近智利。

②威廉三世：荷兰政治家，1672年担任尼德兰联合省共和国执政，1689年成为英格兰、苏格兰和爱尔兰三地的国王。

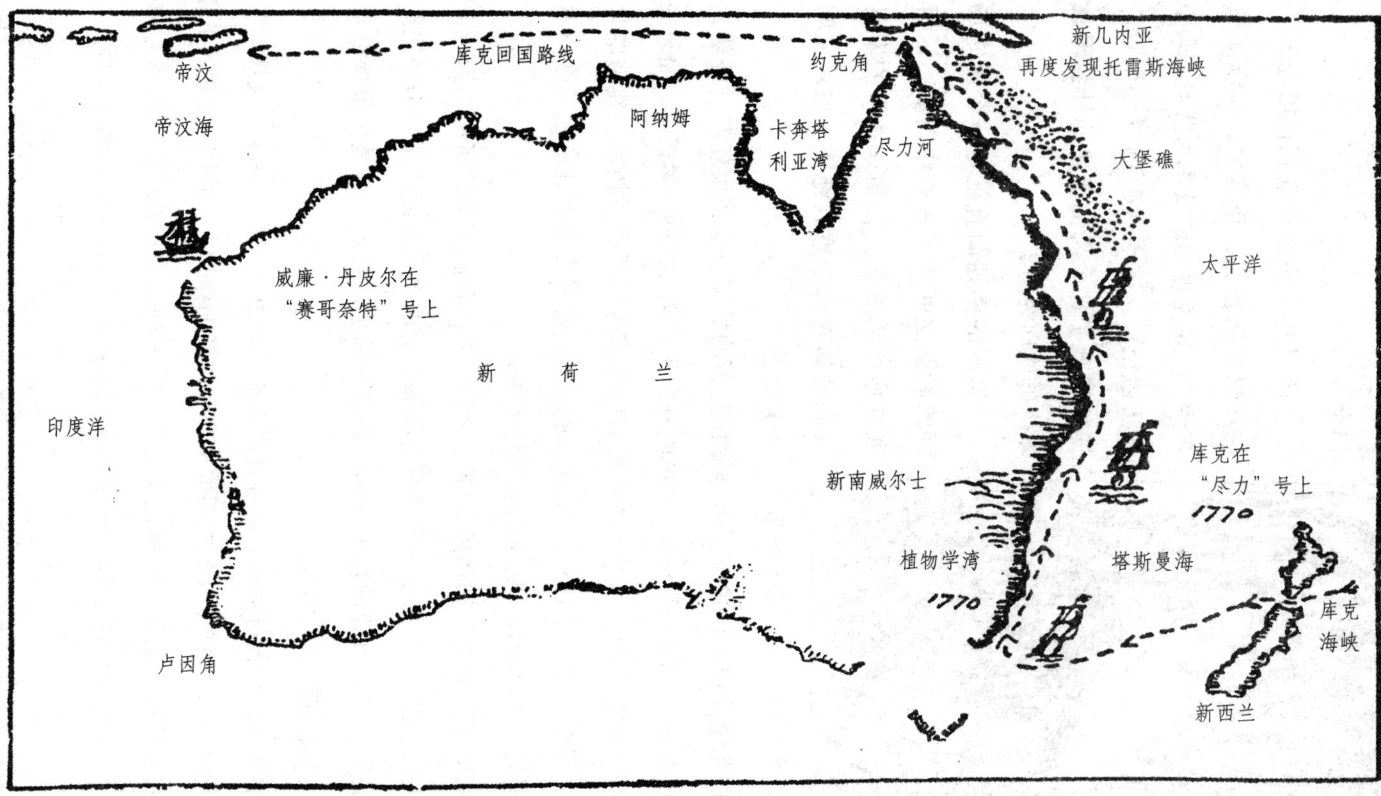
库克回国路线
帝汶
帝汶海
约克角
新几内亚
再度发现托雷斯海峡
阿纳姆
卡奔塔
利亚湾
尽力河
大堡礁
太平洋
威廉·丹皮尔在
“赛哥奈特”号上
新荷兰
印度洋
库克在
“尽力”号上
1770
新南威尔士
植物学湾
塔斯曼海
1770
库克
海峡
卢因角
新西兰

▲新荷兰的范围

▲ 人们对鲁滨逊·克鲁索岛的想象

那里度过30年战争[1]中最后的也是最残酷的13年。

1667年，格里梅豪森在巴登的一个小村庄里担任村长。在这里，他以流浪汉梅尔西奥·富克席姆的故事为蓝本，写下《痴儿历险记》。这本书在1669年出版，书中详细记载了那个恐怖年代的社会现象和他本人的坎坷经历。

当时的德国简直就是一个屠宰场，不同的教派之间为了争夺宗教最高话语权而展开血腥的战争。在炮火连天的岁月里，人们开始对未来感到绝望，也对文明世界产生质疑。

《痴儿流浪记》讲述了一个神秘探险者的故事。他在乘船经过好望角去往印度群岛的途中，被迎面而来的飓风吹到陌生的南方大陆。紧接着，船只失事，主人公被迫弃船登岸。不过，他并没有和鲁滨孙那样砍伐树木，建造船只，早日返航，而是喜欢上了这片神奇的土地，发誓要在这里度过余生，绝不返回那个炮火连天、生灵涂炭、民不聊生的故乡中去。

从格里梅豪森对于神秘乐园描述的文字中，我们不难分析出，当时大部分的欧洲人都已经对17世纪上半叶荷兰航海家的故事耳熟能详了。书中提到的黑天鹅、袋鼠、鸭嘴兽等动物正是澳大利亚大陆上的特产，也是格里梅豪森用浓笔重墨大书特书的重要内容。

笛福和他的德国前辈不同，对其德国前辈的思想进行了继承与发展。在《鲁滨孙漂流记》中，他把主人公描写成辛普利修斯那样的人：不甘忍受现实的摆布，不愿意在世俗社会的条条框框之中生活，十分向往原始社会，认为只有在淳朴自然的社会环境中才能够体验到伊甸园中的幸福，领悟到大自然的美丽。

①三十年战争：1618年至1648年奥地利哈布斯堡王朝和德意志诸侯之间进行的一场战争。

格里梅豪森和笛福都是旷世文豪，能够像蜜蜂从一些不起眼的花花草草之中找到蜂蜜一样，在大街上不显眼的杂志中找出荷兰与英国的探险船的记载，然后再将这些文字进行提炼加工，最后写成一部文学价值与思想价值颇高的书籍。

两人的著作对后人产生了深远的影响。在他们之后的200多年时间里，许多文学家和思想家都成为他们忠实的信徒。比如，著名的诗人让·雅克·卢梭在阅读了两人的作品之后就深有感触，对他们的观点给予肯定，并在其诗歌中一遍又一遍地大声讴歌原始人的美好生活。

卢梭的思想为法国大革命的爆发提供了思想武器，当时欧洲的中产阶级都对他的观点深信不疑。但是，卢梭极力讴歌的澳大利亚的淳朴风情只不过是他臆想中的产物，就在法国大革命爆发的同一时间里，澳大利亚的神秘面纱已经被揭开，这个大陆上残暴凶狠肮脏的土著人也逐渐走进欧洲人的视线。只可惜，人们知道得太晚了，卢梭鼓吹的“人类只有在最原始的环境中才能表现出优越的本性”的观点已经成为人们潜意识中的东西，一时之间，难以根除。

那些在1793年被狂热的革命者送上绞架的人再也没有时间去思考历史探寻真相了。他们中的大多数人都不知道那个神秘的南方大陆究竟是什么样的，否则的话，他们一定会后悔自己的选择。他们的理想之地只不过是臆想中的产物，是一个虚构的梦想。不计其数的荷兰、英国的探险家和水手们的探险之旅并不是鲁滨孙所描述的那样诗情画意，而是惨烈悲壮和不堪回首的痛苦经历。为了寻找那个神秘的南方大陆，许多优秀的水手都魂断大海、抛尸荒野。那些踏上大陆本土的人更没有体验到成功的喜悦和想象中的收获，他们在返回故土之后，

▲ 现实中的鲁滨逊·克鲁索岛

▲ 三十年战争带给欧洲人的恐慌与悲惨状况，使得他们希望逃到某个想象中的南方大海上的乐园中

就对那个千百年来被人们描绘成鸟语花香而实际上却是鸟不拉屎的地方十分痛恨。即便是在即将离开人世的时候也不忘用最恶毒的语言来诅咒它，警告后人要远离那个人间地狱。

真实造化弄人，这片被航海家诅咒了上万遍的地方，竟然成为文学家和世人们讴歌赞赏的对象，还成为造成某个国家政局动荡的原动力。现在想想，总觉得有些可笑。

在澳大利亚大陆上，欧洲人所崇拜的偶像，并不是身强力壮、威武有力，能开辟出一片新天地的伟大人物。事实上，他们此刻正赤身裸体地蹲在牡蛎碎屑堆上被冻得瑟瑟发抖，面对着枝繁叶茂的澳洲丛林而愁眉不展。他们不会生火煮食，也不会伐木造房，生活状况比丛林之中的野兽还要凄惨。

就在这些可怜虫饥寒交迫的时候，那些以其为原型的小说正在法国塞纳河畔上热销。大腹便便的出版商们正在起劲吆喝有追求有梦想的市民们购买记述神奇的航海之旅和描绘世外桃源的作品，他们为此都赚了个盆满钵满。

The story of the Pacific
发现太平洋

第九章

荷兰人最后一次在太平洋探险

在丹皮尔结束太平洋航行后的70余年时间里，再也没有一个白人愿意到这个困难重重、险象环生的海洋中航行了。前人的经历告诉他们，太平洋一点也不太平，置身其中，只会遇到干渴、船漏、飓风、大浪及土著人袭击。稍有闪失，就可能丧身鱼腹，魂归异乡。

直到1721年，才有一个荷兰的探险家驾船驶向太平洋。这个探险家的名字叫雅格布·罗杰文，出生于泽兰省①，居住于米德尔堡②。在迷恋南方大陆的父亲的影响之下，他自儿时起就对外面的世界充满兴趣。

罗杰文的父亲老罗杰文并不是一个航海家，平生也没有什么值得称道的航海经历，充其量不过是一个地理迷罢了。这就好比是今天喜欢收听无线广播的人却从来就没有做过播音，喜欢谈论飞机的人却从来没有飞向蓝天一样。尽管老罗杰文终生没有踏出欧洲半步，但却对神秘的南方大陆念念不忘。他在一篇文章中写道："南方大陆总是碧空万里，只可惜路途太远，欧洲与其之间隔着

①泽兰省：荷兰西南的一个省，靠近北海。

②米德尔堡：泽兰省的省会。

一层又一层的乌云与幕布，导致我无缘得见。”

老罗杰文对近百年来的荷兰探险家们在新荷兰所做的工作嗤之以鼻，想亲自驾船去往那片神秘的土地做一番事业。为此，他还专门出版了一本美洲西海岸的地图。只可惜，没有官员或商人愿意为他提供赞助，老罗杰文只好满腔遗憾地取消了远航的计划，并希望儿子罗杰文长大成人之后能够替他完成这一梦想。

雅格布·罗杰文原本是一个律师。他很可能是为了完成父亲的遗愿而开始了探险之旅，当然，也有可能是为了追逐更多的经济利益才决定出海。他所生活的18世纪上半叶，社会上再度掀起了太平洋的研究潮，投资者们大多忘却了那些先驱者给他们带来的经济损失，准备再次资助航海家们去往太平洋淘金。太平洋再度成为人们街头巷尾谈论的话题，无论是在阿姆斯特丹水堤的宾馆里，还是在不知名的咖啡馆中，人们都在热烈地讨论着太平洋中可能蕴藏的财富。

除了航海家、商人和市民之外，哈布斯堡王朝也对太平洋产生了浓厚的兴趣。下面，我们简单地讲述一下这个王朝的情况。

在此之前，有两名王室成员曾经去过美洲地区。一个名叫马克西米连，另一个是费迪南德大公。前者抵达美洲没多长时间就被疾病夺去性命，而后者在以私人身份去往美国旅行的途中因残暴地侮辱所见到的每一个人而引起公愤，最终不得不灰溜溜地返回欧洲。不过，回到欧洲没多长时间，他就被仇人暗杀了。

1700年，西班牙国王查理二世去世。他在死前，将王位传给法国国王路易十四的孙子。这样一来，西班牙和荷兰南部的地区就成为法国人的势力范围，也给英国和荷兰的安全带来威胁。英国和荷兰不甘心让法国人做大，就联合起来，挑起“西班牙王位继承战”的战争。

3年之后，各国达成协议，将南尼德兰地区割让给哈布斯堡王朝的奥地利国王查理六世统治。

但是，这个条约却遭到了尼德兰北方联合七省商人的坚决反对。长期以来，这些商人们都在想方设法关闭特卫普港口。这个条约一旦生效，他们就不得不和斯海尔德河[1]沿岸的邻居展开竞争，而在这次竞争中，他们将明显处于不利地位。

①斯海尔德河：欧洲西部的一条河。

此时的荷兰国已经成为一个全民皆商的国家，国民们讨厌战争，不愿意让战争打扰他们的商业活动。但是，乌得勒支和约的签订却让他们觉得忍无可忍，不得不采取行动来表达不满。

当时，延续了150多年的哈布斯堡王朝已经失去了锐气和朝气，而新任的国王也是一个死气沉沉体弱多病碌碌无为的统治者。因此，尼德兰北方联合七省的人就觉得，完全可以通过一系列行动来迫使王朝屈服，收回乌得勒支签订的和约。

▲ 玛丽亚·特蕾西娅，匈牙利和波西米亚女王，哈布斯堡王朝最杰出的女政治家

不久之后，阿姆斯特丹得知维也纳当局准备在奥斯坦德[①]建立一个由安特普卫投资的奥地利东印度公司。新公司一旦成立，荷兰对香料的垄断地位将会受到极大冲击。

1717年，奥地利东印度公司终于开张了。几艘挂着哈布斯堡王朝大旗的航船奉命去往东方寻找香料。荷属东印度公司对其实施拦截，捕获了其中的两艘船。自此，奥地利同荷兰的矛盾就爆发了。直到10年之后，在英国、法国、荷兰和普鲁士诸国的联合施压之下，奥地利皇帝被迫放弃了在印度洋的商业权，将公司解散。不过，奥地利皇帝提出，在他死后，本国的皇位由其女儿玛丽亚·特蕾西娅公主来继承，其他人不得干涉和阻挠。英法荷普四国答应了这一要求。

玛丽亚·特蕾西娅公主是一个雄才大略的人，只是因为性别的原因而无法继承王位。现在，这一不利因素终于得到解决，父亲在1724年颁布诏书，确定了她的王储地位。对此，全国人民欢呼雀跃，弹冠相庆，而奥斯坦德公司解散所带来的不愉快则被完全抛在脑后。

当然，王储是男是女这样的问题对于我们一点都不重要。重要的是，当时的

①奥斯坦德：比利时西北部的一个港口城市。

▲ 塔希提

欧洲世界因为奥地利皇帝的让步而再次出现了和平。奥地利的皇帝相信，他为了世界和平而甘愿做出牺牲的壮举必将被历史记住，也必将让他的臣民们感恩戴德。

其实，当时解决问题的办法并不只有解散奥斯坦德公司这一个，他们完全可以进行强强联合，将事业做大做强。只可惜，当时的欧洲人并没有这种意识，无休止的猜忌使他们大丧元气。我想，这很可能和荷属东印度公司的傲慢自大有着直接关系，财大气粗的股东们不愿意和新兴公司联手，更不愿意牺牲丝毫的个人利益，结果就导致合作的破产。

当时的荷属东印度公司已经呈现出江河日下的苗头。他们已经失去了巴西和新尼德兰，只能靠贩卖奴隶来维持生存，获取利益。因为公司不景气，股东们就有了危机感。在奥斯坦德公司还没有成立之前，荷属东印度公司的股东们就坐在一起商量在南方大陆建立新殖民地的议题了。他们觉得，组织几个船队雇佣一些水手去实施公司在 80 多年以前否决的塔斯曼计划，即便是失败了也赔不了多少钱。一旦成功，就能将旧泽兰的旗帜插在新泽兰和新西兰的上空。这的确是一桩很划算的生意。

在荷兰共和国的几个省中，荷属东印度公司与泽兰省走得最近。于是，他们就和泽兰省一起资助年轻的罗杰文，委派他前去澳大利亚大陆开辟新的殖民地。

1721 年，罗杰文率领“阿德伦号”、“蒂恩霍芬号”和“非洲之奴号”船扬帆起航。这次，他把航线定在合恩角的西面，沿着 100 多年前斯考顿与莱麦尔的路线，驶向东印度公司的领地。

船队来到拉普拉塔河[①]口附近，决定分开航行。但这并不意味着三条船就此

①拉普拉塔河：南美洲大西洋沿岸的一条河，位于乌拉圭和阿根廷两个国家之间。

永别，因为罗杰文和他们约定在胡安——费尔南德斯群岛附近汇合。在去往合恩角的路上，罗杰文有幸收集到之前到访过这里的探险家们的一些信息。比如，塞巴尔德岛就是以荷兰船长塞巴尔德·韦特的名字命名的。当然，该岛的最早发现者并不是他，而是1592年途经这里的约翰·戴维斯。

如果我没有记错的话，这应该是我在本书中第一次提到约翰·戴维斯与太平洋的关系。这些早期的航海家都有着惊人的意志和毅力，在太平洋的探险过程中，他们不惧艰险，不怕死亡，前赴后继。戴维斯这些早期航海家都是不可思议的人，他们无所畏惧，前仆后继。戴维斯曾经在戴维斯海峡进行过去往西北通道的努力，但最后却失败了。不过，他并没有偃旗息鼓，鸣锣收兵，而是调转船头，绕道麦哲伦海峡，希望能在那里碰碰运气。这次他的运气不错，发现了福克兰群岛[①]。

戴维斯的这次航行可谓是经历丰富，不仅指挥船队和西班牙的无敌舰队交过手，而且还深入调查了格陵兰海域。返航之后，他根据自己的航海经历出版了《水手的秘密》和《世界水文地理描述》两本航海技术书籍，并且又发明了被后人运用长达数百年之久的戴维斯象限仪。

1605年，戴维斯率船队出现在苏门答腊岛地区。很遗憾，在这里遇到日本海盗，戴维斯在战斗中阵亡。

再回到罗杰文的航行上来吧。

来到合恩角之后，罗杰文就命令航船朝南航行。根据老罗杰文的推测，南方大陆不仅是的确存在的，而且它的最东部和南美洲的西海岸相距只有几百英里。罗杰文对父亲的推测深信不移，坚定不移地认为只要是一直向南航行，等看到陆地之后再一路向西，就能够见到斯特曼和丹皮尔来到过的新西兰。不过，他并没有坚持多长时间。因为在一路上，他只能看到茫茫的大海，连一块礁石都看不到。尤为可恨的是，大海之上连一滴淡水都没有，被干渴折磨得奄奄一息的罗杰文不得不放弃计划，改道向北航行，去往胡安——费尔南德斯群岛，和“蒂恩霍芬号”汇合。

①福克兰群岛：即马尔维纳亚群岛。

到现在为止，罗杰文的航行可以说没有任何收获和发现。不过，等船队汇合，离开塞尔扣克岛[①]之后，终于时来运转了。

1722 年 4 月 6 日，罗杰文终于发现了一个地图上没有标注过的小岛。发现新领土之后，罗杰文的郁闷心情一扫而光，认为转运的时机终于到来了。于是，就将这个小岛命名为复活节岛。他手下的水手们更是喜笑颜开，认为这个小岛一定就是澳大利亚大陆的边沿小岛了。

在这里，白人们的航船上出现了一位涉水而来的一丝不挂的土著人。水手们实在是看不下去，就从船舱里拿出一块帆布裹在他身上遮丑。不曾想，这一无意间的善举竟然给船队惹下了大麻烦。其他土著人得知消息之后，纷纷跑到航船上向水手们索要布匹。如果不给，就偷，就抢。他们神不知鬼不觉地出现在甲板上，迅速摘下水手头顶的帽子，还没等对方缓过神来，就“蹭”地一下次跳入水中。这还算是好的，更有甚者，会为了一顶帽子或者是一条束腰带而杀害水手。他们的野蛮行径让白人们感到十分痛苦而又束手无策。

塔斯曼在新西兰的不幸遭遇一直环绕在罗杰文的心头。为了避免重蹈前辈的覆辙，他就命令火枪手们将所有的子弹全部打光，之后再停船上岸。不过，上岸之后他才知道自己的担心是多余的。土著人对这些远道而来的客人不但没有一丝厌恶之情，反而表现得十分热情。这次，罗杰文可谓不虚此行，既接触到土著居民，还尽情欣赏了当地如画般的美丽风景。

当时，大多数的欧洲水手和航海家们都读过畅销书中和南海有关的神奇故事。在他们的意识中，南方大陆就是人间天堂。为了能够踏上这片美丽的土地，他们甘愿付出任何代价，承受一切灾难。不过，等到他们终于踏上那片土地的时候，那种巨大的心理落差就可想而知了。尽管我没有去过复活岛，但曾经在一个阴暗的早晨于大英博物馆亲眼看到过一尊从复活节岛运来的石雕。

石雕被陈放在一个没有任何装饰的伦敦砖墙砌成的陈列室中，根据文字介绍，我知道它是复活节岛上的宇宙之神。不过，看着这个狰狞的家伙，我的心里感觉怪怪的，总觉得和我属于不同的两个世界。尽管后来我对太平洋诸岛的

①塞尔扣克岛：也称马萨铁拉岛。

文化风俗有了大致的了解，对这个石雕的理解也增加了几分，但依然不敢独自一人在夜黑人静的露天旷野之下和这一群奇形怪状的南海之神呆在一起。

罗杰文在其航海日志中写道，复活节岛上的石雕给他留下了非常深刻的印象。不过，这位专业律师用大量的篇幅介绍了土著人对这些貌似泥土实际上却是由火山熔浆雕刻而成的石雕的崇敬之情，却并没有分析一下当地人是如何将这尊重达 50 多吨的石雕放在眼前的位置的。当然，我们也没有必要去苛求这位航海家。毕竟，他只是一个律师，而不是经过专业训练的人类学家，犯下一些比业余医生还要蹩脚的错误也是情有可原的。

罗杰文写道："当地人对石雕充满敬仰之情，每到夜晚，石雕之前总会有大批的土著人上香许愿。"不过，50 年之后，当库克和拉佩鲁兹[①]来到复活节岛时，却发现当地人根本就没把石雕当回事，也没有一个人能说出这个石雕的意义何在，建于何时，成于何地。

不过，这些神秘的石雕倒是满足了 18 世纪欧洲人的幻想。他们看到石雕之后，马上就想起了故乡之中和南方大陆有关的种种美丽传说，并将其和圣经中的预言联系起来，"你们要在东方荣耀耶和华，在众海岛荣耀耶和华以色列上帝的名。"

库克和拉佩鲁兹认为，这些石雕并不是罗杰文接触的土著人建造的，而是之前的居民波利尼西亚人的神。他们的这一观点得到后世历史学家们的赞同和支持。

告别复活节岛，罗杰文就驾船朝着正西方驶去。这次，他虽然错过了塔希提岛和马克萨斯群岛，但却幸运地发现了萨摩亚群岛，罗杰文将这个群岛命名为巴奥曼恩群岛——巴奥曼恩是他助手的名字。

离开萨摩亚群岛，罗杰文的船队沿着新几内亚北海岸继续航行，在还没有抵达南方大陆的情况下就朝着爪哇方向出发了。令罗杰文万万想不到的是，爪哇的东印度公司非但没有对他的到来表示欢迎，竟然还扣押了船队的所有货物，贪婪成性、视垄断为生命的东印度公司竟然连自己的同胞都不放过。消息传到荷兰，所有人都愤怒了，他们强烈谴责荷属东印度公司的罪行，要求他们无条

①拉鲁佩兹：法国的航海家，曾于 1786 年 4 月 9 日抵达复活节岛。

件归还罗杰文的船只和货物。

面对汹汹而来的抗议和责难，荷属东印度公司不得不将这件事情提交给法庭，用法律的途径来解决。法庭经过多年的审理，最终判决荷属东印度公司败诉，勒令其赔偿罗杰文手下水手们的工资并给罗杰文 12 万荷兰盾的精神损失费。和斯考顿与莱麦尔相比，罗杰文并没有受到什么损失。不过，他却没有意识到自己竟然成为最后一位出现在地图上和航海史上的荷兰人。

罗杰文返航之后，荷兰境内的淘金热发财梦的狂潮似乎在一夜之间就消退了。富人们已经失去了进取心，不再愿意冒着生命危险去往陌生的海域寻找商机。而那个 100 多年前四处耀武扬威、飞扬跋扈的荷兰共和国也失去了嚣张的资本，不得不收敛一下锋芒，向邻国们示好。只可惜，那些被它凌辱了多年的邻居们并不愿意就此善罢甘休，而是采取了变本加厉的报复行动。最后，法国的拿破仑皇帝将东印度公司的股票和债券交易所里的文件全部扔掉，将这个公司积攒多年的财富据为己有，又将荷兰共和国变成法兰西第一帝国的附属国。

从经济角度来看，罗杰文并没有取得什么值得称道的成绩。但这并不能说他的探险毫无价值可言，从地理学的角度来说，这次航行再次表明南美洲和澳大利亚大陆之间没有任何瓜葛。在此之前，塔斯曼与丹皮尔的航行已经证明了这个问题，但一些人仍然固执己见，认为两块大陆是联系在一起的。

后来，法国人皮尔 · 布维特的探险活动再次驳斥了南美洲大陆与澳大利亚大陆连在一体的说法。1739 年，他以海军军官的身份被法国政府派遣到太平洋地区去执行在澳大利亚大陆开辟殖民地的任务。他在公海上航行了几千英里之后，除了布维特岛[①]之外一无所获。万不得已之下，他只得原道返回。他的这次航行再次证明澳大利亚大陆实际上只是一个位于爪哇和新西兰之间的一个大岛。

在法国人之中，布干维尔可以说是第一个追随罗杰文的人。他曾经准备做律师，后来却参军做了加拿大法军指挥官蒙卡尔姆侯爵的副官。在“七年战争”[②]结束之后，布干维尔彻底厌倦了军队生涯，就向军部提出退伍申请。

①布维特岛：在好望角西南 2400 公里外的一个大西洋小岛。

②七年战争：1756 年至 1763 年欧洲国家的一次国际战争。

军部批准了他的申请，并允许他自筹资金去往福克兰群岛开拓新殖民地。

“卧榻之侧，岂容他人鼾睡”是一个亘古不变的真理。西班牙政府非常不欢迎法国人的到来，就想方设法排挤布干维尔。最后，双方达成协议，西班牙付给一笔丰厚的补偿，让布干维尔离开福克兰群岛。离开之后，布干维尔依然不愿意再到军队就职，于是，他就再次向法国政府提出申请，希望能够被派往太平洋，去解决那个长期以来地理界争论不休却悬而未决的问题。

▲ 从斯蒂文森在萨摩亚岛的住处向远处看

1766 年，布干维尔踏上了行程。他平安穿过麦哲伦海峡，对土阿莫土群岛进行了一番实地考察，又对塔希提岛进行了一次愉悦的访问。后来，他来到萨摩亚岛时，不知是出于什么考虑，将其易名为航海家岛。我想，他可能是想纪念那些发现或者是踏上这个群岛的航海家们吧。从萨摩亚岛离开之后，布干维尔又踏上了新赫布里底群岛和所罗门群岛的土地。现在，这两个群岛上的一些岛屿仍然以布干维尔的名字命名。

1778 年，布干维尔平安返航，回到法国。他带给欧洲人一种名叫布干维尔的花，又写了一本太平洋旅行的书。这本书内容丰富，语言风趣，并且极具教育意义。

当布干维尔成为作家的时候才 40 多岁，正是年富力强的时候。他不愿意躺

▲ 在塔希提眺望摩里亚半岛

在往日的功劳簿上，靠在凡尔赛宫向王公贵族讲述自己和塔希提美女的风流韵事来打发余生。于是，他再度向法国政府提出申请，希望能够让他去北极探险。但是，此时的法国政府遇到了财政危机，拿不出多余的钱来资助他去远征，无奈之下，布干维尔只好呆在家中打发无聊的时间。

当法国爆发大革命的时候，与王室走得很近的布干维尔竟然没有遭到革命党人的清算，平安度过了危机。后来，拿破仑建立了法兰西第一帝国，布干维尔被得到重用，获封伯爵。1811 年，这位曾经参加过亚伯拉罕平原之战、首次向人们提出塔希提生活理想的法国老人得以寿终，享年 82 岁。

现在，如果你看到布干维尔花的话，于情于理都应该向那位伟大的老人致敬。如果他地下有知的话，也会对你表示感谢，并向你风度翩翩地鞠一大躬。

在路易十六时代的法国，像布干维尔这样的勇士可以说是随处可见。比如，在 18 世纪 70 年代初期，就有一名法国探险家想要更正一下那个宣称在南纬 55 度之南没有任何大陆的布维特的错误。这个探险家的名字叫做选凯尔盖朗·特雷马克，他是一名布雷顿的贵族，是又一个发现太平洋的英雄。1772 年，特雷马克在马达加斯加岛 2000 英里之外的地方发现了一座与挪威中部十分相似的高山。这座高山有若干个高峰，最高的竟然达到海拔 6000 多英尺，有一部分还被冰雪覆盖。不过，特雷马科此行并不是为了要找冰川雪地，故而，见到这座山之后，他就有些失望，在心灰意冷之余，将这个岛屿命名为“荒凉岛”。后世的探险

▲ 法国对帕皮提的影响非常明显

家们来到之后，将“荒凉岛”易名为迭凯尔盖朗岛[①]，以此来纪念那位发现者。

对于地理界的人来说，迭凯尔盖朗岛的发现是一件大事，因为它能够帮助人们解开太平洋中许多让人疑惑不解的问题——既然南美洲和南极洲并不属于同一块大陆，那么，按理说太平洋这端的迭凯尔盖朗所盛产的蔬菜应该和非洲的蔬菜相类似，但为什么偏偏长得和美洲蔬菜一模一样呢？

当然，水手们对于迭凯尔盖朗岛的喜爱并不是从地理角度出发的，而是因为他们在这里得到了实实在在的利益。设想一下，在茫茫的大海之中突然发现一座海岛是一件多么让人高兴的事，它能够驱散水手们心里的孤独，给他们带来安全感。难能可贵的是，迭凯尔盖朗岛上出产的白菜竟然还可以治好他们的坏血病，这怎能不让水手们欣喜若狂呢？

①迭凯尔盖郎岛：行政上属于澳大利亚南极弗朗西斯地区，位于南印度洋之中的一个群岛。

▲ 南大西洋中的小岛布维特岛，在好望角西南

细心的读者会发现我在上一段中用的是“出产”而不是“生产”。为什么我要用这个词语呢？因为这里面有一个非常好玩的故事。某一天，一个异想天开的好心人在选凯尔盖朗岛上放了几只兔子，他的初衷是让这些兔子在岛上繁衍生息，日后好作为水手们的备选食物。但是，万万没有想到，水手们还没有登上选凯尔盖朗岛，兔子却把岛上的白菜给吃了！好在挪威的捕鲸船偶尔会出现在这座小岛上，将岛上的兔子当成盘中餐，否则的话，那些珍贵的白菜恐怕早就消失殆尽了。当然，我还有一些问题到现在为止也想不明白，为什么这个岛上会出现企鹅的影子？那些不会飞翔的昆虫又是怎么从其他地方来到这里的呢？我百思不得其解。看来，这个问题只好交给动物学家们来解决了，我只需把太平洋的发现史交代清楚就可以了。

第十章

太平洋最后的发现者

詹姆斯·库克出身于平民之家，他做过马夫，也在食品杂货店出过力。他是一个拥有非凡才能的人，如果他不是在最后一次太平洋远征中丧命的话，他肯定会被封为男爵。至于他的成就究竟能达到何种程度，恐怕只有苍天才知道。总之，他是一个不可限量的家伙。

那时候的英国等级制度森严，像他这种从社会底层一步步爬上来的人少之又少。即便在一个世纪后迪斯累里[①]首相执政时，也是如此，就更不用说乔治时代[②]了。那个时候，穷困人家就算杀死富人的一只狐狸都要被处以绞刑，即便是富人的狐狸吃了穷人家的一只鸡。那时候，贵族子弟上大学是理所应当的事情，就算他们连自己的名字都拼写不全，他们也会被保送进大学。

可是，库克虽然出身卑微，但他最终证明了自己。这似乎说明，即便在乔治统治下的英国，有天分的人还是能够脱颖而出的。可以说，库克是有史以来

①迪斯累里：19世纪英国的政治家和小说家，曾经两次担任英国首相。

②乔治时代：指的是英国国王乔治二世和乔治三世的执政时期。

最伟大的一位航海家，同时还是一位有着悲悯情怀的军官。或许有一天，他在地理方面的发现会被人们遗忘，但人们仍旧会高声歌颂他，因为他在探索未知的过程中，居然没有让一个水手因为坏血病而丧命。虽然他也曾严厉地惩罚过水手，但那是出于好意，因为那些水手患坏血病时不肯吃蔬菜，仍然坚持吃咸肉，这才使得库克勃然大怒。

库克在16岁的时候，就已见识了很多商业方面的世面了。那时候，他在一家船业公司做学徒，顶头上司叫约翰·沃克。当时，约翰·沃克由于商业的需要，经常往来于波罗的海，也时而去挪威沿海做生意，库克就开始跟他学习贸易方面的知识。约翰·沃克是一位仁爱慈祥的长者，他总是鼓励库克多见些世面，多学习些知识。但凡有空，他就会读一些他私人收集的游记给库克听。要知道，18世纪的时候，学校是很少的。如果你想要成为一名合格的医生、乐师、漆匠或者是木匠，至少要跟随师傅学习差不多十年的时间。在很大程度上，学习完全是一个人的事情。这也告诉我们，为何那个时代的人们总是有那么强的自制力，也有那么良好的教养。就这样，耳濡目染三年之后，库克升任大副。

1756年，“七年战争”爆发了，由于担心法国攻击汉诺威，英国决定与普鲁士结成同盟。库克毅然决然地应征入伍了，刚开始在皇家海军担任二等兵，一个月之后就升到主力船长的位置。1759年，他成功地解开魁北克和圣劳伦斯河之围。他与生俱来的才能注定他不会平庸，之后，他的名字又和太平洋联系在一块。

战争结束后，由于他出色的表现，他被海军上将科尔维尔勋爵推荐去做测绘工作。而接下来的四年，他就是在北美度过的。他测量纽芬兰及其附近的岛屿，他的工作能力异常突出，在附近水域生活的人说，他在一个半世纪以前所描绘的地图，到今天为止仍旧准确无误。

这听上去好像是一个籍籍无名的穷酸小子飞黄腾达、咸鱼翻身的故事。不过，库克身上的确有一种让他能够取得成功的品质。他思考的比别人多得多，做的也比别人多，得到的当然比别人要多。1766年8月，库克对日蚀做了详细精确的观测，并将观测报告派人转给英国皇家学会，那是一个相当权威的团体。当他们需要派人奔赴太平洋观察金星是如何从太阳表面绕过的时候，就让库克做了这次观察活动的总指挥。

后来，海军部授予库克上尉军衔。1768年8月26日，他登上了“努力号”。这是一艘性能极佳的船，特别适合在浅水区航行。由于它功勋卓著，所以成为不少作家笔下的故事题材。不过，虽然有大量文献是描述“努力号”的，可是没有人知道它最终的去向。有人说“努力号”最后的岁月是在罗得岛新港海滩度过的，不过却没有人能拿出证据来支撑这一说法。所以，“努力号”最终的命运和“五月花号”一样，都是一个未解之谜。

在18世纪的英国，“努力”是一个非常普通的名字。仅仅是惠特比（建造库克的“努力号”的地方）一个城市，在半个世纪内就建造了11条“努力号”。在我看来，“努力号”或许是任何一个殖民地海港的运煤驳船，它们总是在耐心地等待财大气粗的商人用它们来发财。

这次旅行很顺利，中间没有遇到什么困难和风险，库克率领他的船只顺利地到达塔希提岛。后来，库克测绘了这个区域的周边岛屿，并将他们称为社会群岛。之后，库克继续前行，这一次，他驶向塔斯曼于1642年发现的岛屿。据塔斯曼说，他们和当地土著人发生了冲突，几名水手丧生。为了避免类似事件再次发生，库克始终小心翼翼。尽管如此，他们还是在杀了4个毛利人之后才在贫困湾登了陆。

“努力号”于8月9日从社会群岛起航，并于10月7日抵达新西兰，期间历经两个月。这不得不让我们对早期波利尼西亚探险者的航海技术产生由衷的敬佩，他们的航线与库克相同，可他们却早了700年，而当时，就算像威廉那样勇猛威武的指挥家，如果想要获得足够的船只将军队从英国运到法国，也是一件非常难以完成的事情。

当库克仍旧在太平洋上孜孜不倦地探险时，波利尼西亚民族已经开始衰老。虽然他们已经显现出退化的迹象，但你还是能够看得出来，他们过去曾经是一个多么有力量的民族。在檀香山港口，如果你给当地土著小孩一枚25美分的硬币，他就会以一个夸张的姿势从甲板上跳到海中来为你逗乐。他们的祖父曾经是在风雨中搏斗的水手，而我们的祖父则只知道在教堂附近徘徊。

库克从贫困湾（我曾经到过那里，这个名字起得可谓是恰如其分）向南航

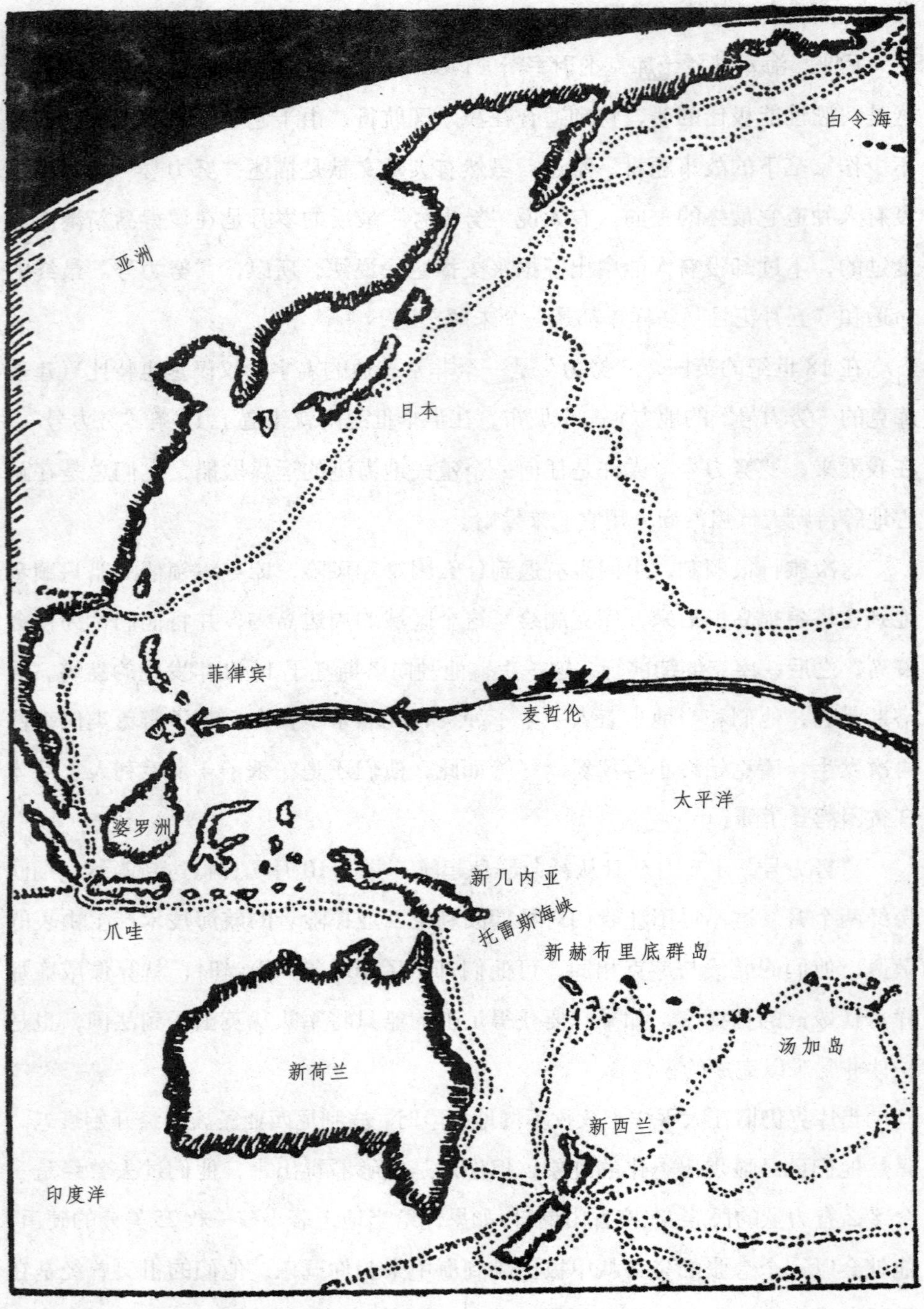

▲用虚线标注库克在太平洋的几次航行

行到返回角。他在那里改变了航向，开始沿着海岸线向北行驶，并于1768年的圣诞节抵达位于新西兰北部的三王群岛。之后，他向南航行，在2月的时候穿过位于新西兰南北两岛之间的海峡。这个海峡以库克的名字命名，并且一直沿用至今。在那里绕了一圈之后，他再次回到返回角，由此断定他是在与岛屿而不是大陆打交道。

从返回角出发，库克又向南航行到斯图尔特岛。紧接着，他又沿着西海岸航行到塔斯曼湾西边的告别角。在不到7个月的时间里，他总共航行2400多英里，到达许多欧洲人之前从未到过的地方。而他的制图才能又一次得到淋漓尽致的展现。虽然他们在航行中遭遇了不少大雨风浪天气，可他仍旧绘制出一幅幅精确无比的高质量地图。

自那以后，库克明白了新西兰原来是由南北两个独立的岛屿所构成的。之后，他离开这个地方向西出发，并试着摸索塔斯曼曾经说过的新荷兰的东岸。此时，距离1770年《独立宣言》再有6年就将问世。但对于外人来说，澳大利亚地区仍旧裹着一层神秘的面纱。不过，那时候荷兰人已经去过大部分澳洲地区。塔斯曼也曾在塔斯马尼亚岛登陆，之后就直接回到新西兰。所以，人们不知道澳大利亚还有哪些部分没有被发现。

库克从心底确认新西兰并不是新几内亚的一角。可不管是他还是其他人，都不明白整个事情的真相。所以，当他决定离开新西兰继续向西航行的时候，就如同当初哥伦比亚去往未曾涉足的美洲一样，踏上了一个此前完全陌生的区域。

首先，库克朝着塔斯马尼亚的方向航行。不过，快到该岛屿最北端的时候，他突然掉头向北航行。因此，他避免了当年塔斯曼的覆辙，因为当年塔斯曼正是从那个地方向东航行才错过了澳大利亚。1770年4月20日清晨，希克斯上尉发现了一座1000英尺高的小山矗立在一块陆地上。你能够从任何一个地图上找到它的位置，它就位于维多利亚州[①]东南海岸西德纳姆水湾附近，它的名字就叫做希克斯山峰。

库克想要找一个登陆的地方，于是他沿着海岸线一直找停靠的地方。可所

①维多利亚州：澳大利亚的一个州。

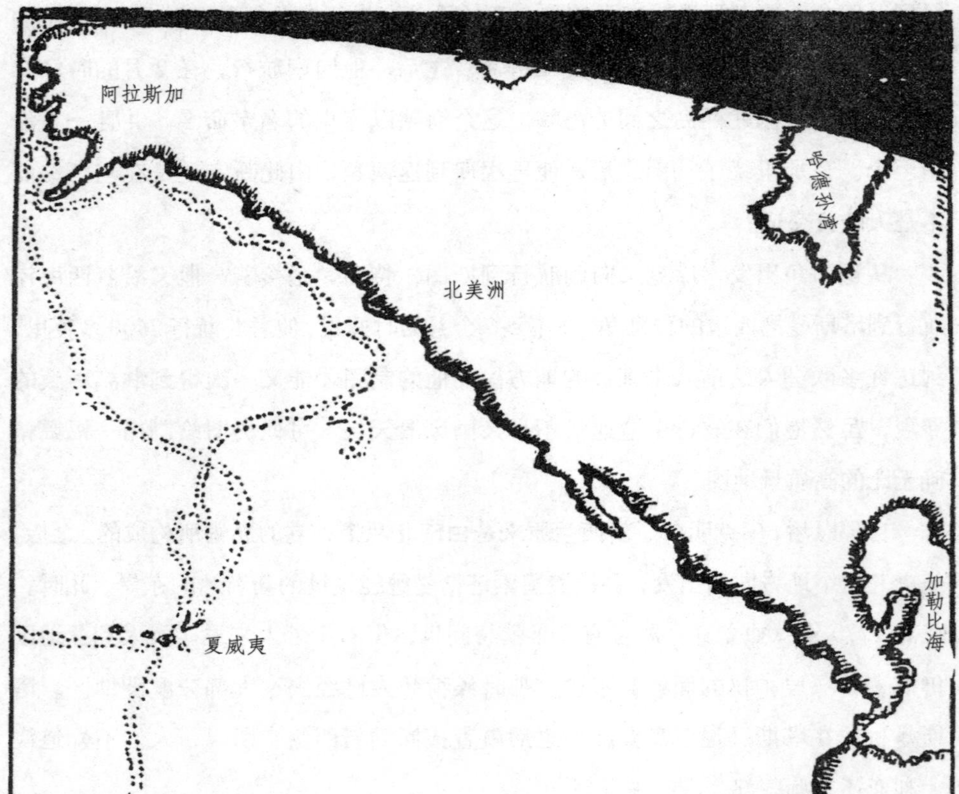

▲ 横穿太平洋

到之处都是滔天的风浪，船只根本难以停泊。到1770年4月29日（星期日），“努力号”终于驶入一个风平浪静的海湾。于是，他们选择在那里登陆。

▲ 库克船长离开塔希提岛

那个海湾的名字叫植物学湾[①]。每一个了解麦考利[②]的学生都知道，这个海湾之所以被取名为植物学湾，是因为它被发现的时候，海湾岸边到处都盛开着鲜花，而从那之后，那些鲜花就悉数凋零了。我有幸参观这个令人兴奋的历史遗迹时，仿佛身在伦敦或者布里奇波特，有一种异常特殊的感觉。海湾仍旧是原来的样貌，有点像我们的陆军部在布洛克岛建造的人工海港。在通往大海的地方有一个狭小的出口，还有一个巨大的水塘，四周环绕着山丘。另外，有一条道路，有往来的汽车、加油站以及在新西兰或者澳大利亚随处可见的奇形怪状的小房子。这个情景很容易让人想起蒙特利尔法国人居住区的建筑。如今，这一处历史遗迹得到美化，人们在那里树立了几根高大的烟囱，破旧的木牌上还记录着附近的悉尼市某月某日比赛的信息。

澳大利亚政府在保护历史遗迹方面已尽职尽责了，他们将植物学湾的部分地区划为保护区，在那里不许卖热狗，不许卖口香糖。可是，那里的气氛总让人感觉有些压抑，因为植物学湾总是让人想起澳大利亚早期的野蛮和凶残。当时，英国政府经常将罪犯流放到那个地方，让他们过着生不如死的生活。他们中的很多人宁愿和当地的土著人生活，也不愿留在他们自己人的监狱中。

1770年4月一个晴朗的周日下午3时，库克与随行的三位官员在一个塔希提土著人的带领下，登上了这个大洲，并宣布这块大洲从此归英国所有。而当地

①植物学湾：澳大利亚新南威尔士州的一个小水湾，现在是悉尼的郊区。

②麦考利：英国著名的历史学家和政治家。

▲ 库克船长绕新西兰岛航行

土著人完全不知道英王是什么人，因此，他们根本不理会库克这一套，朋友来了有好酒，豺狼来了有猎枪。于是，他们和这些外来的入侵者展开了斗争。不过，当英国人用毛瑟枪向他们示威之后，这些野蛮人立刻逃窜到丛林之中，再也不敢在英国人面前露面了。

库克继续认真地测量海岸线。不过，在6月11日，当水深测到20英寻[①]时，船突然触到暗礁。在这千钧一发之际，库克当机立断做出决定，他将30桶淡水及贮存品、铁器、压载的石头、6支枪全都扔到大海中，一直到“努力号”再次浮上水面为止。后来，他们发现船底被撞出一个大缺口。于是，他们紧接着到一个浅滩去修理这条船，修理工作整整进行了两周。不过，当船再次入海之后，海水再次灌入船舱，他们不得不再次重复之前的工作。最终，7月20日，所有的问题都被解决了，他们重新在船上装满淡水及一些活的海龟，之后就重新扬帆起航了。

在因事故滞留在澳大利亚那段时期之内，库克和他的助手对周围的地区进行了测绘，而且他们想了解一下当地土著人的情况。不过，那里的土著人同样对他们满怀敌意，他们总是想从白人那里偷到新鲜的龟肉。他们想方设法要将白人从这块土地上赶走，所以，他们就在周围的草地和丛林放火，他们的这些行为让库克一行人不堪其扰。所以，当船能够再次起航的时候，所有的人都如释重负。

虽然当地的土著人并不友好，不过，库克发现那里的土地异常肥沃。所以，他回到英国之后，极力建议英国人大力开发那块土地。不得不说库克的眼光是极为锐利的，如今，澳大利亚东部欣欣向荣，而西部则始终贫困凋敝，恐怕今后很多年之内也难以改观。

①英寻：测量水深的计量单位，1英寻约等于1.828米。

如今，我们在任何一张地图上都能够发现大堡礁的确切位置。但在库克那个年代，没有人知道它的存在。大堡礁的长度超过 1200 英里，是世界上最大的珊瑚礁。它的南段距离澳大利亚海岸约有 150 英里，北端接近陆地，中间只有一条非常狭窄的通道，船只可以从那里通过，以免被撞得七零八落。

▲ 库克船长在新西兰

大堡礁很有一番气势，它上面白浪翻滚，洪波涌起，看似平静的表面会突然涌起一股海浪，让人记忆犹新。在大堡礁，连绵繁密的小陆地迤逦展开，有的只是一块小石头，而有些则长满了松树和棕榈树。

虽然那里的景色让人流连忘返，赏心悦目，可库克对这一切都视若无睹。他无心观看这里的美景，因为他最主要的任务就是赶紧回国交差。然而，令他感到恼火的是，他的船只陷入珊瑚群中，始终难以摆脱珊瑚礁的纠缠。他苦苦地寻找一条出路，最后，他找到了一条位于利泽得岛西北部的小路，至今它还被叫做库克通道。从这里通过之后，库克的船只就进入了深海区。可是，另一个问题接踵而来，那是 200 多年来一直让人感到疑惑的问题，那就是新荷兰到底属于新几内亚，还是一个独立的大洲呢？库克决意解决这个让人疑惑的问题。

库克向来深谋远虑。他收集到所有有关托雷斯海峡的全部书籍，他手上还有 14 年前出版的最新地图，它被印在描述南太平洋远征史的书中，这本书的作者是查尔斯 · 德 · 布罗斯。他博学多才，首次深入浅出地向人们描述了“希腊大力神的地下城”。布罗斯爱好广泛，他在对西班牙人和荷兰人对南太平洋研究的基础之上做出一个结论：新几内亚和新荷兰是彼此独立的两个岛，库克对这个观点毫无异议。

1770年8月15日，库克展开了他的新旅程，而这也是他整个旅程生涯中最惊险的一段，因为他要穿过处处充满危机的托雷斯海峡。刚开始一两天，一切风平浪静，没有任何意外事情发生。但之后，突然狂风大作，“努力号”不受控制地向一处礁群飘去。库克立刻率领水手们跳上小船，并让水手们把“努力号”拽出危险地带。毕竟“努力号”吨位比较小，因此幸免于难。躲过此次厄运之后，“努力号”抛锚停船。次日清晨，继续航行。8月22日，他们觉得眼前的海峡越来越宽阔。库克知道终于找到出路了，也该向这个地方告别了。所以，他打算在约克角登陆，并代表英国国王宣布新荷兰归英国所有。不过，当地土著人总是骚扰他的行动。因此，为了能够正常举行仪式，他不得不几次迁移。

最终仪式在一个距离约克角西海岸外两英里处的一个小岛上举行，该小岛被称作领地岛。下午6时许，库克代表英国国王宣布新荷兰的整个东半部，也就是新威尔士从此归英国所有。之后，他们在该领地上升起英国国旗。库克之所以将该地命名为新威尔士，是因为杰克逊港口附近的海岸和威尔士并无两样。

▲ 澳大利亚植物学湾

虽然库克是约克郡人，但他并没有地方主义。迪蒙·迪尔维尔[①]所言不虚，他曾于19世纪20年代和30年代先后两次游历太平洋，并且在描写这两次的书中提到，库克永远都是这个世界上最为杰出的航海家，而且不管是他的个人品质还是综合才能，他都能当之无愧地在所有水手中任首位。

这是非常崇高的评价，而另外一位大名鼎鼎的法国船长拉彼鲁兹也曾不无崇拜地说："在库克先生之后，我除了赞美他之外，还能做些什么呢？"

在这里，我想要赞美一下探索太平洋人的特质。尽管在其他地方探险的人也需要足够的勇气和韧性，但决心探险太平洋的人，不仅仅要具备这两样特质，他们还要拥有丰富的想象力，很多来到太平洋探险的人都是颇有造诣的学者和科学家。当然，出现这种现象的原因可能是太平洋被发现得晚，而当时人的文化水平已经有了大幅度的提高。但或许也可能是因为太平洋冥冥之中正呼唤某几种特定的人物。

塔斯曼在此地的探险失败后，给人们一个启示。他们觉得，太平洋并非像前人所说的那样美好，那里没有遍地金银，也难以得到经济上的好处。那些妄图征服此地的西班牙人乘兴而来，失望而归。在太平洋地区，除了早期荷兰人和葡萄牙人有一些野蛮行为之外，并不如其他地区所发生的冲突多。说到这里，我还要提及一个人，他的名字叫布莱。一系列的太平洋灾难并非他一个人引起，他的精神存在问题，是个不折不扣的虐待狂。他在库克手下有着杰出的表现，在几次作战中都勇猛异常。但即便是仁慈如库克，也难以约束他那狂野暴虐的性格。尽管布莱[②]得到上峰的大力支持，但他的结局并不能让人满意。在新南威尔士担任总督期间，他被囚禁在"塔斯马尼亚号"战舰上，直到一年后才获准重返英国。布莱的例子并非典型，但这也基本上说明一个事实，当人们发现太平洋最终成为一个值得冒险的场所时，大批优秀的人便趋之若鹜。

初期的航海家要想占领一个陌生的地方，必须要用枪炮等武力手段才行。

①迪蒙·迪尔维尔：19世纪的法国航海家。

②布莱：英国海军军官，以残暴而闻名，曾经担任过考察船"恩惠号"的船长。1814年被英国海军部授予中将军衔。

库克则不然，他依靠的是宽阔的胸怀和悲悯的态度。在征服过程中，他只有一次动用武力，杀死了 4 个毛利人，那是在不得不自卫的情况之下（在新西兰的贫困湾登陆时）。远征队的科学家班克斯曾如此感慨道：“这是我的经历中最可悲的一天。假如在 100 年前的爪哇战争时，荷兰指挥官会将所有爪哇的士兵赶尽杀绝，他们还要感谢上天的仁慈，因为他们觉得敌人的死亡正是上苍的意志。至于清教徒更不用提，他们对疾病造成的大批新英格兰土著人丧命而无动于衷，因为他们觉得这也是神灵仁慈的表现。”

我还可以再举一个例子，16–17 世纪的时候，如果你在公海上遇到其他欧洲人，那么你们就是敌人。如果你能够将他的船击沉，你就能够悠悠然地抽上一斗烟，惬意地欣赏那些落水的船员在水中挣扎的样子。等他们抓住一只空桶浮出水面时，就射杀他们。不过，当本杰明 · 富兰克林[①]听到库克船长去南太平洋探险的消息时，立刻向美国战舰发出指令，要求舰队在海上和库克的船队相遇时，要以礼相待。

上述这个故事说明，我们已经进入一个文明的时代，一个将生存视为最高标准的时代，而这就为太平洋晚期的探险增添了很多光环。

在这里，我想谈论一个法国人，他叫迪蒙 · 迪尔维尔。他曾经在拉佩鲁兹失踪 50 年后在圣诞老人岛找到了他的下落，也发现了拉佩鲁兹曾经乘坐的小船的遗骸。当然，他还做过无以计数的事情。如果你去罗浮宫参观米洛的维纳斯雕像，你就要感激拉佩鲁兹，正是因为他独具慧眼，才能够在刚出土这件艺术品时就断定它的价值。他发现这尊雕像的时候，是 1820 年。当时，迪蒙 · 迪尔维尔正在地中海进行水文测量，假如不是他及时通报君士坦丁堡的法国大使，这尊女神雕像很可能就成了米洛斯人门前的石阶，或者被用来填补城墙的空洞了。

我还想说，当年在太平洋探险的人都难以善终。我们仍旧以迪蒙 · 迪尔维尔为例，他追随库克的航行路线，萨摩亚土著人的矛头没能杀死他，但他最后还是在法国默东附近的一次事故中丧生了，而且是一家老小全部殒命。假如你

①杰名 · 富兰克林：英国 18 世纪著名的政治家和科学家，是《独立宣言》的起草者之一，他的威望仅次于华盛顿。

▲ 大堡礁风光

想要将库克最著名的探险日期记得清清楚楚的话，有一个非常简单的方法，库克离开塔希提前往澳大利亚的时间是 1796 年，而这一年也是发明家詹姆斯 · 瓦特因制造出世界上首台蒸汽机而申请专利的那一年。我认为，将来的历史学家会将这一年视为一个具有重要意义的一年。

让我们回归本书的故事主题。库克宣布占领新荷兰之后，继续向西航行，经过了托雷斯海峡。本来，他想要测量一下两边的海岸。不过遗憾的是，触礁的船身还没有完全修复，而船上的人开始有了生病的迹象。出于对船员的关爱，他将船驶向帝汶海。

1776 年 10 月，他到达爪哇的巴塔维亚。第二年 7 月 13 日，他返回英国。

可惜的是，库克率领的船队从没有因为在海上而遭遇各种疾病，可巴塔维亚之行却给了他致命一击。由于上岸度假的水手无所顾忌，而大部分水手就是由于过度放纵而患上了疾病。他们在海中生活多年却毫发无损，而陆地上光怪陆离的东西和诱惑太多，正是这种东西大大地缩短了他们的寿命。

虽然经历种种磨难，不过库克最后仍旧得到不错的待遇。海军部为他授予了很高的军衔，英国国王乔治三世也亲自接见他，并对他赞赏有加，而且说他自己也喜欢如此充满惊险且奇妙的航行。他还获赠一份“努力号”整个航海历程的复制品以及那些被发现的新地域的原始测量图。他这次航行的成功，使得整个英国的注意力从大西洋彼岸殖民地的商人及农民引起的骚乱中回了神，从

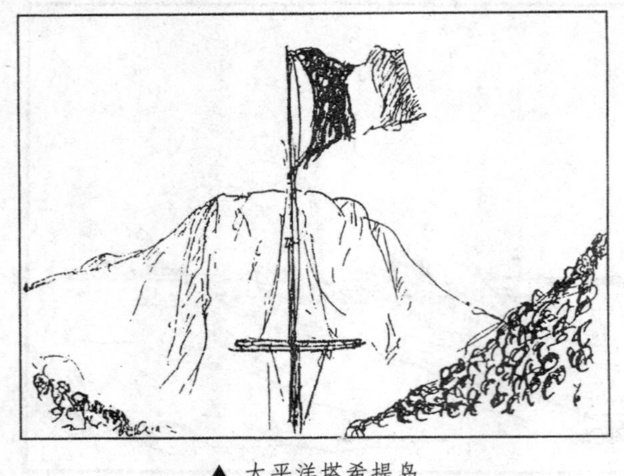

▲ 太平洋塔希提岛

而想要发现另一块新大陆以取代美洲。

由于他们对美洲领地总是忧心忡忡，所以，他们针对南方大陆作为核心问题再次提上了议程。到那时候为止，大部分太平洋区域还没有被探测过。虽然他们发现了澳大利亚，但谁又能保证，在偌大的太平洋中，没有另外一个像澳大利亚的大洲，一个等待人们去发现的第七大洲呢？那些整天埋首故纸堆的地理学家也异口同声地表示，在太平洋地区肯定存在一些未曾探测的区域，应该会有所得。但是，在去任何一个地方探险之前，他们都会仔细核查地图，直到确定那里除了海水之外再也没有别的可探测的陆地的时候，他们才会放弃。

库克船长对于地理科学做出的贡献是有目共睹的。不过，在新西兰以东、塔希提岛往南，仍旧有数千平方英里的区域未曾有人涉足。现在，是时候探测这些地方了，而只有完成这项工作，库克船长才真正功德圆满，才能说他做了他想做的一切事情。这次探测的南方大陆的重点是南威尔士和塔斯曼的新荷兰。

想要得到成果，获得成绩，空谈是没有用的，必须付诸行动。于是，海军部决定派出两艘船全面搜寻南极、南美洲以及新西兰之间的广大海域。如果方法得当，两条船足以完成此次的探寻工作。如果库克船长愿意亲自披挂上阵的话，每个人心里就都有了十足的把握。

颇富冒险精神的库克船长正想得到这样一个机会。当时，他已跻身上流社会的社交圈子之中。在将来，或许有一个人会写一部上流社会史，并分析它对整个人类进步产生的影响，而最终的结论恐怕会让他感到相当苦恼。如果谁认为上流社会单单是以金钱为基础而构成的，它就不会对整个社会产生那么大的影响。因为金钱这种东西是流动的，三十年河东，三十年河西。或许你今天是穷人，眨眼之间就腰缠万贯，反之亦然。所谓的上流社会，并不是指一个人多么富有，而是指更高的社会圈子。自从有文字记载以来，究竟是什么东西促使凤毛麟角的大人物能够聚在一块并且掌握某种权力的呢？不是金钱，而是有一些极其微妙的东西。上流社会的人对自身有着极高的要求，从他们的品位、他们的欣赏眼光、他们的享乐等等方面都有一定的水准。上流社会的人知道他们的本质和其他普通人并无不同，他们出身并不显赫，也不比别人更优雅或者有更高的智商，上流社会的女士们也并非个个貌若天仙。可是，他们却能够引领整个社会的格调和兴趣，能够推动文学和艺术，同时也能够毁坏他们。而他们只有在自己狂妄自大、奢淫无度的时候才会引发社会的不满，就像 18 世纪的法国和罗曼诺夫王朝的俄国一样。

很少有严肃的史学家专门研究这个对社会有很大影响的群体，而探讨上流社会存在原因的人更是少之又少。而我个人经过多年思考得到的结论是，上流社会之所以能够形成，就在于他们的所作所为有非大众化的倾向。由于他们特立独行，因而能够引起其他生活方式类似的人群的嫉妒。他们看到与自己不同的少数人的生活方式之后，肯定也会想过上那样的生活。对于上流社会而言，要实现这一点易如反掌。只要他们和其他人有所不同，就能够让那些人产生低人一等的感觉。

如果从这一点就推断我将库克船长定位为这种人，并觉得他高人一等，这实在是冤枉了我。毕竟谁都不喜欢牙痛，但是一旦患上牙病，即便是多么聪明、多么谨慎的人，在消除病痛前也只能忍受痛苦。

对于库克船长而言，这算不上什么问题，因为不管他的雇主是谁，只有令王室满意，才能获得第二次航行所获得的各方面的支持。所以，库克的当务之急就是尽快告别伦敦，进入帕皮提湾。

不过，他之所以急着离开伦敦还有另外一个原因，因为他们希望他能够将他神奇的航海过程写成书，配上图画，然后出版，可他毕竟是水手而不是写冒险类书籍的作家。他将航行中所得到的数据都已经上交给了皇家学会，而科学家们正在对这些资料做着分析。读者对于经纬度、风速或者水流等并没有什么兴趣，不管是上流社会还是普通大众，他们都有强烈的猎奇心理，他们想要看

▲ 夏威夷的檀香山

的是那些大肆描写途中各种奇怪的见闻、各种冒险的事件，越是矫揉造作，越是大肆渲染，他们就越喜欢。

在廉价戏剧、电影和杂志没有出现之前，大多数有着读写能力的人都在自家的乡间别墅中过着封闭的生活。在漫长无聊的日子里，他们往往通过阅读一些游记来了解其他国度和地区的一些奇特的事情，并从中得到乐趣。那些内容可靠、插图逼真、印刷讲究、装帧细致的绘本备受读者青睐，所有有心思的书商都会从事这种业务，因为这是出版业中获利最大的书籍。

所以，书商们都希望在大众兴致高昂的时候尽快将库克船长的航海游记投放市场。不过可惜的是，这位勇敢的船长在运用文字方面并不像他驾船那样轻车熟路。所以，他只好找一个人捉刀代笔。在不少候选人之中，他挑选的或许是一个最为拙劣的代笔者。这个人愚昧无知、文笔拙劣。他之所以被选中，并不是因为他的才能，而是因为他的所谓“影响力”。他的名字叫霍克斯沃思，已在这个行当中混迹多年。1744 年，他接替塞缪尔 · 约翰逊[①]出任《绅士杂志》议会辩论专栏的编辑，后来又和塞缪尔 · 约翰逊等人创办《冒险家》杂志，而其中的大部分故事都是他撰写的。这个人丝毫没有创见，他曾经对塞缪尔 · 约翰逊令人生厌的风格情有独钟，并且一而再、再而三地固执地研究，最终他的这种行为让那个迂腐的老学究倒了胃口，而他们的合作也就此终止。最终，霍克斯沃思不得不单打独斗。他成立了一个自由作家组织，还和妻子合开了一所学校。后来，他主编了迪安 · 斯威夫特文集的前 12 卷。当时，他还在不遗余力地收集库克船长的手稿，准备编辑出版。但这件事他做得一点都不漂亮。

①塞缪尔 · 约翰逊：英国著名的作家、诗人、散文家和字典的编撰者。

他把这件事给办砸了。作为一名18世纪典型的绅士，库克没有在自己的作品中天马行空地写下一些与事实不符的东西，而是以一种客观的角度，如实地将自己所看到的东西一一呈现出来。不过，霍克斯沃思却并不喜欢这种写作风格。他在写书的时候，不注意材料收集，也不喜欢别人提供的事实根据，而是凭着自己的好恶与想象力，把太平洋群岛描绘成了世外桃源。当然，无论这本书带来什么样的负面影响，库克船长都不用担心会受到权威人士的指责、读者的讨伐，因为在本书还没有付梓的时候，他就离开了伦敦。

海军部要求库克船长再进行一次太平洋的远征，为了敦促他早日启程，还特意大开绿灯，既简化了办事程序，又为其准备了坚固的战舰和充足的给养。

1771年11月，“决心号”与“探险号”船只竣工。次年7月，库克船长准备就绪，准备率船驶向好望角。不曾想，正当库克准备出发的时候，却在远程科研的安排环节上出现了意外，科研工作的负责人原拟由约瑟夫·班克斯担任，但他却在关键时刻撂挑子不干了。这倒不是因为他和库克船长性格不合，而是因为工作方法和工作侧重点出现了差异。这个问题不是三言两语就能解释清楚的，为此，我们还是要从头谈起。

▲ 檀香山的钻石角

在库克进行第一次航行的时候，约瑟夫·班克斯就是科研工作的负责人了。两人在远航之中倒也能同甘共苦，齐心协力。不过，这只是表面现象。事实上，他们却是貌合神离。库克船长是一个性格宽厚待人和善的人，在这一点上，他与后来那位“贝格尔号”上的身为宗教狂热分子的船长明显不同。不过，性格宽厚并不代表毫无主见，也不代表任人摆布。作为一名水手出身的船长，库克不能不为自己和船员的安全考虑。为此，他在航行中把重点放在了发现新大陆的轮廓和海岸线上。在他看来，生命是第一位的，发现新土地新人类新动植物和生命安全相比都是微不足道的。无论如何，他都要尽最大努力，尽力避开海岸边的悬崖和礁石，将每一个船员安全带回家。因此，他不同意班克斯博士去寻找新岛屿探测新生物的建议。久而久之，那位因成功观察到金星凌日现象而获得民法学博士学位的班克斯博士就对这个小心翼翼的船长产生了腹诽。

班克斯的后台很硬，是发明了黑面包加火腿肠[①]的时任海军部大臣桑维奇伯爵。对于这一点，船队上的官员们都心知肚明。由于桑维奇伯爵是个任人唯亲、刚愎自用的腐败分子，所以官员们就担心班克斯博士可能会向他提出在船上减少船员空间、扩大实验室面积的做法，就对博士产生了戒备之心。

由于第一次远航时不受重视，被众官员疏远的原因，班克斯博士决定退出第二次远航。他的退出让科学界感到遗憾，却让航海官员们如释重负，暗自庆幸再也不用和这个搅屎棍一样的危险人物共事了。

在这里，我要强调一点，尽管班克斯博士和桑维奇伯爵走得很近，其本人也有些目中无人，但毕竟和那个腐败官员不是一路人。他尽管和库克船长貌合神离，但总体而言关系还是不错的，也没少支持库克的工作。在库克被杀之后，他对澳大利亚情有独钟，不断地向英国政府提出建议，要求减少对澳大利亚的干预，希望能加大对这个新大陆的支持。在美国获得独立战争的胜利之后，班克斯博士还专门为那些忠于英国的美国人出谋划策，建议他们移民到新荷兰，在那里开始新的幸福生活。但是，这个建议却不被人采纳。那些人宁可在美国的土地上忍受各种痛苦，无限留恋地怀念英国人统治时期的好日子，也不愿意到一个虽属于英国人管辖却十分陌生的地方生活。班克斯并没有放弃，又把目光转向人口众多的中国。但是，安土重迁的中国人拒绝了他的建议。后来，英国政府决定放弃移民计划，在植物学湾附近建了一个罪犯集中营，用来收容英国的犯人。即使如此，班克斯对澳大利亚的热情仍是丝毫未减。他凭着自己专业的植物学知识，给澳大利亚总督送去了无数的树木，并鼓励殖民当局将羊毛业打造成当地的支柱产业。

随着年龄的不断增长，班克斯也变得越来越固执。作为新大洲的发现者之

①黑面包夹火腿：1762年，桑维奇伯爵为了赌博，在赌桌前坐了一天一夜，仅用夹肉面包充饥，“三明治”（桑维奇的谐音）由此而得名。

一，他将澳大利亚看成自己的私有财产，当成生命中的一部分。后来，当弗林德斯船长将新大洲命名为澳大利亚时，班克斯极力反对。等改名成为事实之后，他依然称之为新荷兰。

我在这里顺便说一句弗林德斯的事吧。在1795年和1801–1803年时，他进行了两次绕新西兰与澳大利亚的航行，弄清楚了很多被库克疏忽和搞错的细节。完成航海任务之后，弗林德斯决定将所有的旧称呼统统废弃，将澳洲大陆统称为澳大利亚。当时，班克斯已经因下肢瘫痪而卧床数年了。得知这个消息之后，他怒火中烧，厉声痛骂。1814年，奥尔良战争[①]爆发。弗林德斯出版了一本书，这本书的名字叫《澳大利亚斯游记》，正式宣布人类发现了第六大洲。

再把话题转移到库克的第二次远航太平洋上来吧。众所周知，去往一个未知的海域之中进行探险活动，自然少不了专业的科学家为伴。在班克斯宣布退出航行之后，知人善任的库克船长却做出了一个错误的决定，力邀顽固不化、桀骜不驯、难登大雅之堂的德国博物学家福斯特父子加盟。结果可想而知，这一对活宝父子一路上不断和人产生摩擦。对此，库克只好委曲求全，处处迁就，息事宁人。但是，这对父子并不是省油的灯，在库克答应他们一个又一个要求之后却并不满足，反而变本加厉起来。

或许是福斯特父子不好相处的原因吧，库克结束第二次航行之后就向海军部提出建议，自己来撰写这次远航的航行日记，不要再强迫那对科学家父子了。结果，老福斯特却不乐意了。他认为，是英国海军抛弃了自己。情急之下，他就和儿子一道挑灯夜战，加班加点撰写航海游记。后来，福斯特父子的作品在库克的作品出版之前几个月就投入市场。结果，库克的航海游记无人问津，成了一堆废纸。

福特斯是英国人的后裔，他们家族在移民德国之后就变得十分呆板。他之前曾在普鲁士王国治下的波兰担任路德教派的牧师，后来在该行做了植物学教师。他曾经访问过俄国，最终又返回英国定居。在英国期间，福特斯因翻译了布干维尔的《环球航行》而名声大噪，成为人们眼中的太平洋问题专家。在班克斯退出第二次航行之后，库克所想到的第一人选就是他们父子。

①奥尔良战争：1812年，美国以少胜多大败英军的著名战争。

▲ 太平洋夏威夷岛

有其父必有其子，小福斯特的乖戾与嚣张丝毫不亚于老福特斯。在整个航海当中，父子两人不是暗自算计怎样反对库克，就是当着众人的面对这位宽厚的负责人大放厥词。尽管父子两人十分放肆，但库克并没有为难他们。不过，当老福斯特不顾海军部的禁令，私自以其儿子小福斯特的名义出书时，就在英国引起了公愤。最终，福斯特父子不得不灰溜溜地从英国离开，返回德国继续讲授植物学。

后来，库克又进行了第三次远航。不过，这次并没有取得什么显著的成效，只是为地理学界提供了一个否定的信息。这次航行证明：南美洲和非洲之间的太平洋上只有零零星星的几座小岛，神话故事中所描述的那个大陆并不存在。1775 年，库克返回英国之后，对国人们说，如果这个大陆的确存在的话，也不可能出现在南太平洋上，而是靠近南极地区，终年被雪覆盖，寸草不生，荒无人烟。

在好望角补充了食物和淡水之后，“决心号”与“冒险号”船没做休息就立即驶向南极圈，接着又沿着冰地向东行驶，最终抵达塔斯马尼亚附近。在这里，“决心号”和“冒险号”决定分道航行。

两艘船分开的时间是 1 月。由于南半球正处于夏季，所以，两艘船在航行的时候并没有遇到什么大的困难，很快就在 4 个月后于新西兰会师了。

从“冒险号”船长弗诺的海航报告来看，他对塔斯马尼亚的轮廓线并没有清晰的认识，并觉得这个岛和澳大利亚之间是连在一块的。当然，我们不能因为这个报告而责备弗诺。毕竟，每一次探险都不可避免地带有一些不确定性，谁也不敢保证每一次探险所得出的结论都是准确无误的。直到 30 多年以后，弗林德斯的好朋友巴斯才确定了澳大利亚和塔斯马尼亚之间没有任何联系。

当时，库克也对弗诺的报告有所怀疑，曾想返回南极圈进行实地查看之后再东行，但由于时间关系不得不放弃。已经进入 5 月，南半球即将迎来寒冷的冬天。

库克决定离开新西兰南部的夏洛特皇后湾，驾船驶入迄今为止欧洲人也不敢涉足的太平洋水域。

在塔希提岛，库克雇佣了一些水性较好、对当地水域情况较熟的土著人做助手，与他们一道在东南太平洋上进行勘测考察。不过，他们最终还是没有发现任何新陆地。

1775 年 7 月，库克返回英国。3 年漫长的航行所换来的不过是发现了一个新的岛屿。这个小岛就是现在地处新西兰与新喀里多尼亚岛之间的诺夫克岛[①]。

现在，人们终于明白，古代地理学家和水手们所坚信的观念是错误的。南太平洋除了海水之外，什么都没有。尽管在南极附近零星存在着一些小陆地，但除了企鹅和海鸥之外，其他动物都不感兴趣。

在弗诺返航一年之后，库克才回到英国。用现在的标准来看，库克做事的效率的确是低了点。但在当时，探险者们所关注的并不是探险时间的长短，而是能否安全返航。在海上，他们可以随意安排自己的时间，也可以为了生命安全而在一个小岛上停留数月之久，没有人会催促他们，他们也不认为这样做是在浪费雇主的金钱。

和其他的海上探险相比，弗诺的远航绝对称得上是很幸运的。尽管他的船只在夏洛特皇后湾和毛利人有过一次大规模的械斗，但并没有人员伤亡，最后还是顺利地从合恩角返航。不过，他这次探险活动也没有取得什么新发现。

返航之后，库克决定亲自撰写探险回忆录。尽管霍克斯沃思依然神采奕奕，思维清晰，但库克并不想让他操刀，而是自己执笔，再让一个传教士帮着对文字进行一番润色。这本朴实无华语言诚恳的回忆录完成之后，很快就被抢购一空。波斯韦尔兴奋地告诉约翰逊博士，这本书和霍克斯沃思夸夸其谈的作品一点都不一样，具有极高的地理价值。

在迎接载誉而归的英雄时，我们都习惯于采取百老汇[②]和格罗弗 · 惠伦的方式，对待库克也是如此。库克返航之后，就被任命为皇家学会的会员。之后，

①诺夫克岛：澳大利亚的海外领地，位于太平洋的西南地区。

②百老汇：位于纽约横穿曼哈顿的一条大街，美国最大的娱乐中心，附近剧院鳞次栉比。

他又以皇家学会会员的身份攻读预防坏血病的医学学科。

在为数众多的探险家和航海家之中，库克是第一个以科学的态度来关心下属健康的人。他曾经采用柠檬汁或者是酸橙汁来医治坏血病并取得不错的成效。在他采用这种方法之前，大多数人对坏血病束手无策，甚至还认为在航海探险中出现大量减员是不可避免的事。在当时，水手因患坏血病而死的比例高达15%-30%。如果哪个航船在长途旅行中只有10%左右的人患坏血病而死，就会被人看成是奇迹。

库克进行了连续6年的海上航行。让人惊奇的是，6年之中，竟然没有一个水手因患坏血病而死。他预防坏血病的方法非常简单，就是让水手们多吃新鲜蔬菜，用柠檬汁和酸橙汁来代替红酒作为日常饮料。在当时，海军对这种做法感到十分不理解。在他们看来，一个威武有力的水手如果不能喝酒的话是一件非常丢人的事。但是到后来，他们发现库克的方法效果不错的时候，就纷纷效仿。久而久之，驾船远航的水手们就不再饮酒而是改成和喝橙汁和柠檬汁了。由于这个原因，那些英国水手们就被外国人们称为“喝橙汁的人”或者是“橙汁”。这个称谓成为英国水手们的名片，和奈尔被称作“square-head”①的斯堪的纳维亚人和被称为“dagoes”②的地中海人以及被称为“dumb Dutch”的北海和波罗的海岸边的人区分开来。

库克刚刚下船，就听说了海军部准备进行第三次远征太平洋的消息。当时，人们已经对探测南方大陆的想法失去了兴趣，就连那些最传统的地理学家们也都一直认为传说中的南方大陆并不存在。但是，这并不等于说人们对航海失去了兴趣。毕竟，太平洋上还存在着很多悬而未决的问题需要有专门的探险家去进行实地探测给出答案。

从16世纪开始，欧洲国家就一直在努力寻找一条从太平洋直抵大西洋的东北通道。但是，在寻找了200多年之后，依然没有一个明确的答案。假如这个通道的确存在而又被人发现的话，那么，就必将会在地理人士和政治人士之间

① “sqrare-head”：居住在美国、加拿大的北欧人。

② “dagoes”：具有意大利或者西班牙血统的人。

引起轰动效应。在当时，英国已经完全控制了加拿大地区，如果他们能够找到这条通道的话，就能理直气壮地宣称两大洋之间的北方路线属于本国，也能更加方便快捷地控制北冰洋周边的所有土地。

英国海军部的大小官员们一致认为，既然库克在海上航行了6年，返航之后就一定对大海充满了恐惧，不愿意再担负起指挥第三次太平洋探险的使命。为此，他们就决定将这项任务交给上次远征的第二号人物查尔斯·克拉克。但是，库克却并不乐意。他在第一时间向海军部提出申请，表明自己对航海事业的热爱以及对第三次远航的热心。海军部接到他的报告之后，既惊讶又感动，很快就予以批复，答应让他做这次航行的总指挥。

库克和阔别多年的家人团聚了很短一段时间之后就再度出发了。尽管他的牺牲精神让每一个英国人都十分感动，但这样做却让他的妻子儿女十分失望。这次，库克准备率“决心号”航船去往新阿尔比恩（就是现在的加利福尼亚）。德雷克[①]在1580年的环球航行之后，为女皇陛下贡献了700多万美元的财物。在向女王的述职报告中，他对新阿尔比恩地区的富饶与美丽大加赞赏，希望英国政府能够对这个地方引起重视。

▲ 库克船长在南极地区探险

在第三次远航结束之后，库克从新阿尔比恩返回欧洲，既可以走东线航道，又可以走虽然远点但却十分便利的西线航道。航海经验丰富的库克认为能克服一切困难，就选择了沿北美海岸行进的东线航道。

“决心号”并不是“金欣德号”船，乔治国王也不是知人善任的伊丽莎白女王。但是，库克并没有因此而应付了事，依然是尽心尽力地来完成这次远航任务。因为他确信，

①德雷克：英国著名的航海家，活跃于伊丽莎白时期。

只要能安全返航，就一定能够被王室册封为男爵。对于他而言，被别人称为库克爵士远比被人称为库克先生更有面子。

作为二号人物的查尔斯·克拉克并没有因为库克抢了自己的饭碗而怀恨在心，依然对其言听计从。他指挥的“发现号”船和库克结伴而行。在1776年7月上旬，两只船分道航行。没过多长时间，两艘船又在好望角汇合了。

“决心号”和“发现号”一路向南航行，准备彻底解决南太平洋地区是否存在大陆这一问题。它们先是到了马里恩岛，接着又到了克罗泽特岛、克尔盖伦群岛、塔斯马尼亚和新西兰。最后，从新西兰出发，经友谊群岛[①]、库克群岛来到塔希提。

这时的库克完全可以称得上是塔希提人的老朋友了。在这里，他受到了热情的招待，直到5个月后才率船离开。

库克沿着波利尼西亚人古老的航线继续行进，发现了一个白种人尚未涉足的群岛。为了对大力支持他们航行的英国首相桑维奇伯爵表示感谢，库克就将这个群岛以伯爵的名字命名。

桑维奇群岛被叫了100多年。后来，美国人取得该群岛的统治权，将其易名为夏威夷群岛。

1778年2月上旬，库克离开夏威夷群岛，驶向新阿尔比恩。当时的新阿尔比恩包括了今加利福尼亚到华盛顿州的所有地区。3月，库克准备从新阿尔比恩向北航行，去寻找大西洋的通道。当时，美国已经取得独立战争的胜利。在一年之前，伯格因率领英国军队向盖茨[②]投降，法国也承认美国的独立地位。

1778年左右的大西洋西海岸，现代文明正在茁壮成长。不过，从墨西哥到阿拉斯加之间的地区仍然是一片未开垦的处女地，人们对其知之不多。

我再多说一句吧。在很多年之前，人们一直认为美洲和亚洲是连接在一块的。直到1741年白令在进行探险的时候才得知两个大洲之间还隔着一条宽约56英里的海峡。后来，这条海峡被称为白令海峡。

①友谊群岛：即今日的汤加群岛。

②盖茨：美国独立战争时期的军事将领。

我希望有人在撰写俄国人占领西伯利亚的历史书籍时，务必要强调一点，沙俄时代的俄国人开疆扩土的精神以及新开辟的疆图领域绝非美国人西征所能比拟的。

对于绝大多数美国人而言，西伯利亚只是一个模糊的地名而已。不过没关系，迟早有一天我们会明白。这是大约500万平方英里的地区，相当于两个美国国土这么大。在17世纪初期，美国的疆土仅仅是大西洋沿岸的13个州。直到200多年之后，版图才扩大到太平洋沿岸。但是，在1580年，俄国人就翻过乌拉尔山脉，征服了西伯利亚地区。到了1640年前后，他们已经来到阿穆尔河[①]，到达亚洲的北部。1648年，一个名叫杰吉涅夫的哥萨克就来到白令海峡。因此，我们可以说整个西伯利亚地区都有俄国人的脚印。俄国人用68年所占领的土地，相当于美国人花了200多年时间所占土地的两倍之多。

我们对这一段历史并不了解，对于白令海峡也是一无所知。既然如此，我就再大致介绍一下这段历史吧。早在几千年以前，美洲就有了人类社会。他们都是从遥远的蒙古出发，途经白令海峡，最终到达南美洲的巴塔哥尼亚。很多人会觉得白令是一名俄国人，事实上，他只是一个效忠于俄国海军的欧洲人。之前，彼得大帝为了对瑞典发动战争，就将这个来自德兰半岛[②]的丹麦人从荷兰招募过来。在战争期间，他的勇猛好战和足智多谋得到俄国宫廷的赏识，他被提拔为一艘快速帆船的船长。1724年，受彼得大帝之托，白令跨过西伯利亚远征海上，去证实美洲和亚洲是不是属于同一块大陆的问题。

▲ 白令海峡

①阿穆尔河：中国的黑龙江。

②德兰半岛：北欧的一个群岛，是丹麦大陆的重要组成部分。

白令徒步穿过西伯利亚，来到堪察加半岛海岸。在这里，他驾着一条小船，从堪察加河口沿亚洲海岸一直来到阿纳德尔湾。在航行途中，白令并没有发现任何一块能连接两个大洲的陆地，因此就断定亚洲和美洲是两个不相干的大陆。后来，他将这一发现向沙俄政府做了汇报，并说如果不建造一支舰队的话，俄国根本就不可能到达美洲北部地区，更不可能征服这块大陆。

白令在航行的那段时间里，彼得大帝和他的妻子先后离开了人世，俄国的统治者变成了叶卡捷琳娜·亚历克赛耶夫娜这个淫荡而又精明的女人。后来，彼得大帝的侄女安娜·伊凡诺夫娜又成为这个国家的最高统治者。安娜也是一个颇有头脑的人，她执政期间，任人唯贤，提拔了许多有才能的外国人担当要职。

俄国的铁蹄已经踏进了土耳其的势力范围，现在，他们又把目光转向欧洲。于是，沙俄宫廷在1733年决定再次派遣白令去往堪察加半岛。由于白令的副手大多是组织涣散、酗酒无度、喜欢争吵的斯拉夫人，所以，这次计划直到7年之后才正式得以实施。

白令率领“圣彼得号”和“圣保罗号”两艘小船，从彼得罗巴甫洛夫斯克出发，再次去往他曾经在1729年曾经到访过的区域。没过多长时间，他和他的随从们就与其他船只失去了联系，陷入孤立无援的尴尬境地。白令不知是出于什么考虑，就越过阿留申群岛[①]，从东线返航。他在后来的航海报告中，提到圣埃利亚斯火山。由此我们可以推断，他这次航行抵达过美洲地区。

那些办事拖拉而又毫无纪律意识的下手让白令的行程安排难以如期实施。在冬季到来时，他不得不放弃深入美国内地的机会而准备返航。由于连续多日遇到大雾天气，船队很难返回堪察加半岛。无奈之下，白令只好把船只停在科曼多尔群岛[②]，准备在那里过冬。在这个荒无人烟寸草不生的荒岛之上，水手们苦苦煎熬了半年多才被救走，而他们的领导者白令却死在这里。

在库克到达这个北部地区的时候，遇到了和白令一样的问题。我们不知道他究竟向北走了多远，只能大致推测他曾经到达弗兰格尔岛附近地区，因为遇

①阿留申群岛：地处白令海峡南部，是美国在北大西洋地区的一个群岛。

②科曼多尔群岛：地处北冰洋东西伯利亚和楚科奇海之间。

到浮冰而被迫返航。

从库克选定的大致航线来看，他似乎并不打算按照海军部的指示从东北航道返回，而是选择了西北通道，并希望在新地岛附近和其他英国船只取得联系。这条不被库克看中而放弃的东北航道直到100多年之后的1878–1879年之间才被瑞典探险家诺登舍尔德选择，由此从大西洋地区进入太平洋。而再往北一些的通道，则在1903–1906年被挪威探险家阿蒙森打通。

不过，到现在为止，还没有一艘船只从极地地区驶入太平洋或者是大西洋。现代人可以乘着飞机越过这片地区，但却再也没有人愿意驾着木船在海上航行两三年之后实现穿越了。我曾经乘着南森公司的飞机在奥斯陆有过一小时的停留。当时，我对探险家们的崇敬之情可以说是达到了空前的地步。我在那里仅仅停留了一个小时就焦躁不安，假如让我在那里停留一个星期，恐怕整个人都要疯了。

1778年9月，库克返回南方，准备在夏威夷群岛过冬。刚开始的时候，他选择了位于瓦胡岛和夏威夷群岛之间的毛伊岛。但因为水土不服，又在1779年再度返回夏威夷。

库克是一个交际能力比较强的人，无论是白种人还是其他人种，都能和他打成一片。在太平洋地区，库克明白波利尼西亚人和欧洲人看问题的角度与思维方式有很大差异。在来到波利尼西亚人的地盘之前，库克就再三告诫水手们，与土著人打交道的时候务必小心行事，而水手们也都悉数答应。但即使如此，双方之间的矛盾竟然还是不可避免地爆发了。

▲ 库克船长的最后一次登陆

我在前面已经讲过，土著人并没有偷窃的概念，而是喜欢把所有的东西一起分享。因此，在白人咬牙切齿地斥责偷盗行为的时候，他们就感觉莫名其妙。

另外，土著人尤为不能忍受的是，白种人索取无度，在接受了慷慨的招待之后，非但不感恩戴德，反而变本加厉地索取更多的东西。因此，两者之间的矛盾就不可避免地爆发了。

不知道是什么原因，库克因遇到海上风暴而在克拉克湾抛锚停留的时候，明显感觉到夏威夷人对他们的态度发生了180度的大转弯。当然，这和库克的做事方式存在着直接的因果关系。作为一个忠实的约克郡圣徒，他绝不容忍落后野蛮的土著人厚颜无耻、大摇大摆地从船上索取任何东西。因此，当他发现有几个土著在光天化日之下从“发现号”船上肆无忌惮地拿走一些东西的时候，就下令将他们逮捕，直到船只离开之后才放他们回去。库克这样做无非就是想给夏威夷土著人一个教训，让他们知道白拿别人的东西是要付出代价的。

没想到，这件事却酿成了大祸。1779年2月14日，库克乘小船带着武装人员前去拜访当地的酋长，与其讨论如何处置人质的问题。小船刚刚驶入土著人聚集的水域，就被当地人的船只重重包围，群情激昂、恨恨不已的土著人早就听信了谣言，认为英国人在海湾的某个地方杀害了他们的同胞，就决定杀掉这个飞扬跋扈的白种人，为同胞报仇雪恨。

见到这种情形，库克明白如何解释都无济于事，眼下最理智的选择只能是突出重围，迅速返回船队。于是，他就下令水手赶紧往回撤。小船飞速返航，土著人紧追不舍。由于寡不敌众，库克被一名偷袭者击中脑袋，重重摔倒在地，随后毙命。接着，又有4名水手先后被剁成肉酱。剩下的人飞速逃跑，好歹捡回一条命。但回到“决心号”上的时候，每个人的身上都挂了彩。

▲ 库克的归宿

这天夜里，波利尼西亚人在海岛上举行盛大的篝火晚会，分食库克和4名水手的肝脏。望着熊熊火光，听着土著人的欢呼，想到和蔼可亲的指挥官竟然成为土著人的口中食物，水手们个个悲愤不已。

吃掉敌人的肝脏是波利尼西亚人的一种风俗。在他们看来，这是一种庆祝胜利的庄严仪式。这不仅意味着可以得到一顿美餐，更重要的是能够将敌人的勇敢加在自己的身上。尽管历史学家们以各种理由来证明这个残忍行为的“正常性”，但是文明的现代人依然不能宽容它，更不愿意在聊天的时候提起这个血淋淋的话题，因为他们的朋友之中很多都是库克船长的后裔，谈论这个话题无疑是往他们的伤口上撒盐。

英勇的詹姆斯·库克竟然以一种悲惨的方式离开了这个世界，尽管很多年过去了，依然让人唏嘘不已。几百年后的人如此，当时尾随库克一起远航的水手们更是如此。他们在得知敬爱的船长死于非命之后，无不痛哭流涕，发誓要为库克报仇。他们每来到一个村庄，都要放上几排炮火，准备把所有的土著人都烧死在炮火之中。

或许是认识到了野蛮行径的罪恶，也或许是害怕白种人采取更大规模的报复，土著人决定向水手们表达歉意和忏悔。2 月 21 日，一名土著酋长率领大队人马去往英国人的船上，交还了库克的两只手、一半头颅、剩余的皮肤和几根腿骨等遗物。当天夜里，在克拉克上尉的主持下，全体水手为他们敬爱的船长举行了隆重的葬礼，将残躯装在一个盒子里，埋葬在至今仍以库克名字命名的大洋之中。

葬礼结束没多长时间，克拉克上尉也与世长辞。8 月 22 日，他在白令海峡进行实地勘测的时候突然死去。“决心号”与“探险号”的领导者变成了戈尔和金两名年轻的上尉。好在船队再也没有遇到其他的危险，安全地在 1780 年 10 月 4 日返回英国。

至此，白人的太平洋探险活动已经进入尾声，再有一次远航，探险家们就要告别历史舞台了。他们用几百年时间发现的岛屿、绘制出的地图、标注的新航线和新大陆的轮廓将要转交给商人、捕鲸人、奴隶贩子、淘金者、农场主和流浪汉们。欧洲人最后一次远航的领导者就是我们在前面提到过的法国人拉鲁佩兹伯爵。

拉鲁佩兹伯爵是阿尔比人，早年时曾在法国海军服役。在 1759 年英国海军上将霍克于基伯龙湾袭击法国海军的时候，“令人畏惧号”军舰上的船员大部分丧身鱼腹，而拉鲁佩兹却侥幸捡回一条性命。在美国独立战争时期，拉鲁佩兹曾指挥一艘军舰在加拿大地区骚扰英国海军。在执行这项任务的时候，他认为在背后骚扰敌人并不能带来什么实际性的后果，就率舰闯入郝德森湾，并占领了维尔斯亲王要塞和约克亲王要塞。只可惜，他那天衣无缝的袭击并没有对英国予以致命的打击，也没有给美国独立战争带来任何实质性的帮助。加拿大依然牢牢掌控在英国人的手里，法国人没有讨得任何便宜。为此，法国政府不得不放弃和英国人正面对抗的做法，将目光转向太平洋。

到现在为止，美洲大陆的西北部地区仍然是一片未经探测不曾开发的处女地。据说那里是世界上最大的动物毛皮生产基地，而南太平洋则成为法国捕鲸人的猎场。

1785 年，拉鲁佩兹率“宇宙号”与“指南针号”船来到这片海域的时候，并不清楚自己要干什么。法国海军部给他的建议只是去尝试着完成库克生前没有完成的事业，开辟一条从太平洋去往大西洋的西北航道。

拉鲁佩兹按照法国海军部的指令，一路沿着美洲航线向西航行，一直走到阿拉斯加地区的圣埃利亚斯山。在那里，船队受到恶劣天气的阻挠。拉鲁佩兹不得不调转船头，从夏威夷和内卡岛去往菲律宾。

从菲律宾出发，拉鲁佩兹又带着“宇宙号”船和“指南针号”船驶入亚洲地区，先后拜访了中国、朝鲜和日本。现在，位于日本最北部的北海道和萨哈林岛[①]之间的海峡就是以拉鲁佩兹的名字命名的。

从日本出发，拉鲁佩兹又来到堪察加半岛。在白令海峡旁边的城市彼得罗巴甫洛夫斯克，他派一名水手带着两年来所绘制的地图、航海日记以及各种航海资料返回巴黎，向法国海军部报告。

离开彼得罗巴甫洛夫斯克之后，拉鲁佩兹的消息就越来越少了。巴黎方面得到两个相互矛盾的情报：一个是在 1787 年 12 月，拉鲁佩兹和 10 名下手被害于萨摩群岛；另一个则是 1788 年 1 月，他曾经在植物学湾进行过短暂停留，并

①萨哈林岛：即库页岛。

派人去往巴黎送信。总之，从那之后，拉鲁佩兹就从人间蒸发了。

1826年，一艘英国军舰来到新赫布里底群岛。水手们在和当地人做生意的时候，竟然意外地买来一个欧洲佩剑的剑柄。倍感惊奇的船长狄龙经过仔细分析，断定这是拉佩鲁兹生前用过的东西，也由此推断出附近水域就是他离开人世的地方。

这个消息很快就在欧洲传开了。法国政府闻讯，就马上派尤尔维耶前往新赫布里底群岛一探虚实，确定狄龙所说的究竟是真是假。为了表达对拉鲁佩兹的敬意，尤尔维耶将他的军舰也命名为“宇宙号”，在新赫布里底群岛周边地区进行实地勘测。最终，他确定拉鲁佩兹在1788年2月和3月之间的某一天因遇到一阵强烈的飓风而遇难。

至此，白种人已经完成了太平洋的探险任务。他们将布局在太平洋上的每一个小岛都搬上了地图，完全可以理直气壮证据确凿地说：“我们发现了太平洋上的每一片土地。”尽管之后的水手和船长们返航之后会告诉大家“我们发现了一个前人不曾发现的小岛”，但事实证明，他们不过是在说谎而已。他们很有可能是将某个稍微大点的岩石当成小岛罢了。

白种人沿着1000多年前波利尼西亚航海家的航线前进，用几百年的时间发现了整个太平洋。完成任务之后，他们终于能给世界贡献一个清晰而又全面的地图了。但是，长达数百年的探险活动究竟给他们带来什么好处呢？这个问题到目前为止也没有结论，回答起来也显得为时尚早了一些。须知，直到1920年7月12日巴拿马运河正式开通之后，太平洋才和大西洋连接在一起，而在之前的400多年里，以淘金寻宝为目的而进行航行的人并没有得到什么利益。南太平洋地区并不是人们想象中的黄金产地，也没有多少人口可以让奴隶贩子大发横财。当地的农业并不发达，所生产出的农产品总量甚至比不上印度半岛香料岛上的香料产量。如果说它真的给

▲ 拉鲁佩兹的覆灭

一部分人带来商机和财运的话，这些人就应该是畅销书作家和投资商了吧。只不过，前者所得到的利益少之又少，不值一提，而后者的所获得的财富则是以千百万同胞的破产为代价的。

说起那个大骗局，人们首先想到的就是“南海泡沫”。时至今日，提起这件事，人们仍然是谈虎色变，心有余悸。须知，在人类的历史上，还从未有一个骗局能如“南海泡沫”一样涉及面极广，持续时间极长，牵扯面极其复杂。

1711年，一些在南美地区进行殖民贸易的小公司聚集在一起，建立起一个强大的南海公司。在新公司的章程上，白纸黑字地写明公司经理拥有处理南美洲各项事务的权利，也有发现太平洋新岛屿的义务。

新公司成立之后，很快就受到欧洲人的追捧。因为大家都多多少少地听说过南方大陆隐藏着巨额财富的传闻，也隐隐约约地听到过某位探险家发现新岛屿而大发横财的故事。在新公司成立之后，上至王室贵族，下至贩夫走卒，都觉得发财的机会到了，纷纷拿出富余的钱来进行投资。

公司成立7年之后，英国国王就亲自担任公司的总经理。有了王室的加入，新公司的影响力今非昔比，各大股东们也都赚了个盆满钵满。为了攫取更多的财富，公司上下一致决定，向英国政府提出接受所有国债的申请。英国政府很快就批准了该申请，几乎在一夜之间，南海公司竟然融资高达1.5亿美元。当时，购买国债的大部分人是英国的中产阶级，他们希望从这次投资中获得一笔丰厚的利润，而南海公司正是看中了这一点才大力鼓吹南太平洋地区蕴藏的商机，诱惑他们将手中的国债全部兑换成公司的债权。

▲ 整个世界都疯狂地向并不存在的南海股票注入资金

这个想法可以说是十全十美，没有人会对其风险性表示怀疑。尽管当时英格兰银行也提出了相同的报价，但却没有人理睬。当时的英国人并不知道南海公司的钱是从什么地方来的，只知道只要是和太平洋沾边就能挣到大钱。而南海公司仅仅以南海两个名号为诱饵，就招募到了大量的资金。在短短两星期的时间内，超过一半的政府国债持有者就将他们手中的债权兑换成南海公司的股票。1720 年初，南海公司每股股票售价是 128 美元。到了 6 月，每股涨到 890 美元。一个月后，又迅速蹿升至 1000 美元。由于股票涨势迅猛，南海公司在很短的时间之内，就卖出总价值达 2500 万的股票。

▲ 古老的神明仍然存在

整个英国从上到下全都参与到这次赌博之中，甚至欧洲大陆也不甘落后。人们早就忘记了约翰 · 劳创办的路易斯安那公司（密西西比泡沫）的悲剧。当时，一个人有两个选择，要么购买南海公司的股票，要么你就眼睁睁地看着别人赚钱，背负来自家庭方面的骂名。当年 8 月，有传闻说公司在发展过程中遇到了障碍，南海公司很快出面澄清了这一流言，消除了危机，并在英国境内再次抛出数百万的股票。到了 9 月，事态急转直下，几乎是一夜之间，股票价格从 1000 多跌至 100 多，从顶峰一下子跌落到谷底。等到了 12 月，这些股票差不多和废纸无异了。

在这次赌博中，无数家庭因此而家徒四壁，数以千计的人为了逃避债务，不得不远走他乡，逃到欧洲大陆去躲债。当时，英国下院议员组成一个调查委员会，对南海公司的账本进行核查。后来他们发现，公司经理为了能够让这场骗局更顺理成章，几乎贿赂了全部的政府官员。这些官员包括财政大臣、国务大臣、邮政总监、财务委员以及为数众多的级别较低的人物，几乎没有人是清白的。最后，议会通过相关法令，将经理和两个官员的资产悉数没收。可是，他们的这点资产和整个英国大众丧失的数亿的损失相比，只不过是沙漠中的一粒沙子罢了。那些梦想着发财而投入全部身家，最后身败名裂的投资者们从这项判决中又能得到什么呢？

这次经济危机对英国的打击是致命的，大英帝国因为这次危机而元气大伤，它差不多花费了半个多世纪的时间才从这次致命打击中恢复过来。从另外一个方面来说，太平洋也对那些想要从其身上大发一笔横财的人实行了彻头彻尾的报复。

现在，让我们回到1833年。当时，一条小船正在塔希提与新西兰、塔斯马尼亚和澳大利亚之间的岛屿之间悠然地航行，这条小船的名字叫“比格尔号”。当然，这条船来这里航行的目的并不是旅行，它是有自己的任务的，它要测量这部分地区的各个数据。当时，船上有一位年富力强的生物学家查尔斯·达尔文，它的外祖父是乔赛亚·韦奇伍德，英国陶瓷业的创始人，他的祖父是声名赫赫的植物学家、擅长以优美的韵文来描述科学结果的伊兹默斯·达尔文。达尔文自幼就接受了良好的教育，起初，他在苏格兰名声最好的学校爱丁堡大学[①]学习医学专业。后来，他发现医学并不是自己的兴趣所在，于是又转到剑桥大学。然而，到了剑桥大学之后，他仍然非常郁闷，因为他对传教士这一职业并不感兴趣。最后，他自动退出了学校，开始乘坐皇家“比格尔号”去太平洋进行探测。

“比格尔号”船长是一位虔诚的加尔文派教徒，达尔文和他并没有什么共同话题，他们根本聊不到一块去。但是，这条船上仍旧有很多志趣相投的人，比如艺术家康拉德·马丁斯和年轻的海军候补生欧文·斯坦利。在长达4年的航行之中，他们看到的只有无边无际的大海、高而远的天空，还要承受晕船带来的痛苦。在这样的环境中，达尔文有充足的时间来思考自己的事情。在航海过程中，他发现了很多奇形怪状的生物。他对这些生物产生了很大的兴趣，并开始思考，它们究竟是怎样在这个地球上繁衍生息的？这个问题困扰了他很长时间，回国之后，他仍然不能从这些问题中抽身，并开始投身于研究生物进化的课题之中。

回国23年之后，他写出了一本关于生物进化方面的旷世巨著《物种起源》。该书出版之后，极大地冲击了基督教“创世纪”的世界观。于是，欧洲再次掀

①爱丁堡大学：苏格兰最富盛名的大学，达尔文的母校。

起了去往美洲大陆探险的新高潮。

1891年，“皮尔特号”船在去往塔希提的途中，将一名乘客遗落在帕皮提市。这个乘客在向当地法国殖民警方报案时，自称是一名画家，名叫保罗·高更。

凡是懂点美术史的人都知道保罗·高更。1848年6月7日，保罗·高更出生于法国巴黎，是19世纪70年代后期印象画派的领军人物。他是一个举世闻名的艺术家，也是一个卑鄙阴险的小人。

他曾经做过一段时间的银行小职员，常常利用职务之便，通过钻法律空子等手段来获取不义之财。后来，他产生了强烈的出国欲望。他认为，作为一个中产阶层，在法国很难有出头之日，只有到国外才能有发展的空间。打定主意之后，高更毫不留情地撇下老婆孩子，踏上帆船，去往太平洋，寻找施展才华实现抱负的最佳之地。

从他踏上太平洋岛屿的那个时刻起，那片领土就再无安宁之日。当地的土著人对此印象颇深，即便是高更已经离开了50多年，但当海风带来熟透的干椰肉腐朽气味的时候，土著人在聊天的时候依然会提起高更，摇摇头、耸耸肩，说：“那个法国艺术家现在正往咱们这里赶呢。”

此时，欧洲的艺术家们正在苦苦思索和寻找一种新的绘画形式和绘画主题。他们从塔希提的少女之中找到灵感，将波利尼西亚少女的天真、美丽与火辣身材和法国浪漫时髦的画技融为一体，形成一种新的风格。第一个进行这方面尝试的画家名字叫做诺亚·诺亚。尽管他在绘画方面的造诣并不怎样，但他所采取的新绘画形式传到欧洲之后，很快就引起当地画家的注意。于是，一个又一个艺术家就乘船抵达塔希提地区，寻找他们心中的美女。

从那之后，几乎所有的法国画家都沉浸在描绘那个衰落的塔希提土著美女的狂热之中。这些画面刺激了国内的风流少年和老嫖客们。厌倦了巴黎街头庸脂俗粉的风流人士们决定去往帕皮提水边的酒店和妓院中寻花觅柳，一个个都沉浸在温柔乡中乐不思蜀，希望能在塔希提美女的一抹酥胸中了此残生。他们认为自己做了一件十分高尚的事，却没有想过自己的所作所为给古老的波利尼西亚带来了何等的灾难。

太平洋也出人意料地成为欧洲流行文学中的题材。30多年之后，电影人士发现了它们，于是，太平洋的风景很快就登上了好莱坞银屏的背景。这是太平洋第三次也是最后一次引起西方世界的注意了。不过这一次，土著人既没有惊慌失措，更没有愤恨不已，而是在嘴角上呈现出一弯意味深长的微笑。他们坐在一起聊天的时候，会心满意足地说："苍天有眼，这帮白种人曾经毁灭了我们的生活，征服了我们的祖先。现在，轮到我们征服他们的心灵、毁灭他们的生活了。祖宗若地下有知，一定会感到欣慰。"

现在，《发现太平洋》这本书该收尾了。我依然不能确定这片神奇的海洋会给我们的生活带来什么样的影响，也不知道亚欧各个强国之间会为了这些岛屿和礁石进行怎样的明争暗斗。几乎所有的大国、强国都想方设法在太平洋的小岛上建立自己的海军基地、科研基地、士兵集中地，希望能够和几百年前的荷属东印度公司一样攫取太平洋诸岛上的矿产资源和澳大利亚的土地甚至是美洲地区的一切财富。对此，我忧心忡忡而又束手无策。目前，我能做到的，只是告诉读者们太平洋被发现的历史。

任务已经完成了，我也没有什么再要交代的了，就此打住吧，祝福你们都能有一个好心情。

你们忠实的朋友　亨德里克·威廉·房龙

于康涅狄格老格林威治

1940 年 2 月 17 日晚 10 时 1 分